公钥密码学的数学基础

(第二版)

王小云　王明强　孟宪萌　庄金成　著

科学出版社

北京

内 容 简 介

本书是根据作者多年的教学经验，在原有讲义的基础上经过修改、补充而成的. 书中介绍了公钥密码学涵盖的数论代数基本知识与理论体系：第 1 章至第 6 章分别介绍了初等数论基础知识，主要包括同余、剩余类、原根和连分数的基本理论以及在公钥密码学中的应用等；第 7 章至第 9 章描述了群、环、域三个基本的代数结构及其性质；第 10 章介绍了与密码学相关的计算复杂性理论及基本数学算法；第 11 章简单介绍了格理论及格密码分析的基本方法.

本书适合信息安全和相关专业的本科生、研究生使用，也适合从事信息安全的工程技术人员和教师参考.

图书在版编目(CIP)数据

公钥密码学的数学基础/王小云等著. —2 版. —北京：科学出版社，2022.12
ISBN 978-7-03-073111-1

I. ①公… II. ①王… III. ①数论-高等学校-教材②密码术-高等学校-教材 IV. ①O156②TN918.1

中国版本图书馆 CIP 数据核字(2022)第 166063 号

责任编辑：胡庆家　贾晓瑞 / 责任校对：樊雅琼
责任印制：吴兆东 / 封面设计：无极书装

科学出版社出版
北京东黄城根北街 16 号
邮政编码：100717
http://www.sciencep.com
北京中科印刷有限公司印刷
科学出版社发行　各地新华书店经销
*
2012 年 11 月第 一 版　开本：720 × 1000　1/16
2022 年 12 月第 二 版　印张：12 1/4
2024 年 8 月第三次印刷　字数：248 000

定价：78.00 元

(如有印装质量问题，我社负责调换)

作 者 简 介

王小云，博士，1966 年出生，1983 年至1993 年就读于山东大学数学系，先后获得学士、硕士和博士学位，博士生导师为潘承洞教授. 现为清华大学高等研究院“杨振宁讲座”教授，山东大学网络空间安全学院院长，中国科学院院士，发展中国家科学院院士 (TWAS Fellow)，国际密码协会会士 (IACR Fellow)，中国密码学会理事长，中国数学会副理事长. 主要从事密码理论及相关数学问题研究. 在密码分析领域，提出了密码Hash函数的碰撞攻击理论，破解了包括MD5、SHA-1 在内的 5 个国际通用Hash函数算法；在密码设计领域，主持设计的 Hash 函数 SM3 为国家密码算法标准，并于 2018 年10月正式成为 ISO/IEC 国际标准. 代表性论文 50 余篇，3 篇获欧密会、美密会最佳论文. 曾获国家科技进步奖一等奖、国家自然科学奖二等奖、陈嘉庚科学奖、求是杰出科学家奖、苏步青应用数学奖、未来科学大奖——数学与计算机科学奖等.

王明强，博士，1970 年生，2004 年于山东大学数学系获得博士学位. 现为山东大学教授，博士生导师. 主要研究方向是计算数论，后量子密码算法的分析、设计.

孟宪萌，博士，1971 年生，2002 年于山东大学数学系获得博士学位. 现为山东财经大学教授，主要研究方向是数论与公钥密码理论.

庄金成，博士，1987 年生，2014 年于俄克拉荷马大学获得博士学位. 现为山东大学教授，博士生导师. 主要研究方向是算法数论与后量子密码学.

第二版前言

《公钥密码学的数学基础》第一版自 2013 年出版以来受到广泛欢迎, 获得首届全国教材建设奖全国优秀教材 (高等教育类) 二等奖. 第二版在第一版的基础上修订了若干疏误, 此外更新添加了一些内容, 主要包括:

(1) 添加第 5, 10, 11 三章的习题.

(2) 具体计算对于本书内容的理解和应用是有益的. 我们以计算软件 SageMath[27] 为例, 在除第 7 章外的其余十章添加计算示例, 方便读者参考并使用自己选择的计算软件进行验证和实验.

(3) 第 10 章更新了利用快速傅里叶变换计算整数乘法的复杂度和 RSA 模数的分解记录, 添加利用大衍求一术求解模逆的算法介绍.

(4) 第 11 章添加了后量子密码的背景说明, 扩充了格相关计算问题的介绍.

(5) 本书在大部分章节和重要知识点处添加了对应的讲解视频, 读者可以扫描二维码观看.

本书的再版工作得到了许光午教授的支持, 本书第一版的读者和本书编辑提出了一些宝贵的修改意见, 在此一并表示感谢.

讲解视频是由济南海蕴光谷教育科技有限公司的工作人员录制, 感谢廖雨薇、亓鹏等参与录制的工作人员. 同时, 感谢许光午、文洁晶、胡思煌、张一炜几位老师参与制作了本书的在线讲解视频.

作　者

2022 年 7 月

第二版前言

第一版序

密码学作为信息安全的支撑学科, 是一门起源十分古老而在近代得到极其广泛有效应用、正在蓬勃发展的新兴学科. 密码学的两个基本问题是：一是对信息加以保密, 要使第三方获得了加密的信息后, 也不知道信息的真实内容; 二是与此相对立的, 当第三方获得了加密的信息后, 可以设法破解从中获得信息的真实内容. 许许多多的方法都可以用于密码学, 对信息加以保密和破解, 数学一直是密码学的重要工具. 特别是提出公钥密码系统以来, 数学在密码学中的重要性取得了无可争辩的地位, 也可以说密码学从此成为数学中的一个独特学科.

王小云教授一直十分重视信息安全专业的人才培养和基础课的教材建设.《数论与代数结构》是密码学的一门重要基础课. 早在 2003 年, 她就开始编写《数论与代数结构》讲义, 经过在山东大学和清华大学的教学试用, 不断充实改进, 取得很好的效果. 该书就是在这基础上, 与王明强、孟宪萌一起合作完成的. 该书内容作者在前言中作了详细介绍, 这里就不多说了. 我想特别指出, 该书的特点是：将密码学中的算法及其复杂性理论与数论、代数的一些基本理论有机地密切结合在一起, 贯穿全书. 这对培养密码学工作者的独特思维方式具有极为重要作用. 我觉得, 数学中十分有效的“形式化”思维在密码学中很难直接有效, 而“形式化”思维方式似乎并不能抓住密码学问题的本质. 这是数学工作者转向密码学研究时需要特别注意的一个关键问题. 因此, 该书对提高信息安全专业基础课的教学质量将有十分积极的作用.

王小云教授是家兄承洞的博士生. 承洞从学生时代开始就一直重视和提倡数学在科学技术中的应用, 他曾经参与过渗流理论、薄壳理论、样条理论及其应用和定向爆破等的初步研究和实践. 特别是在 1990 年前后, 他在山东大学开始成立密码研究小组并参与密码学理论及其应用的研究和人才培养, 取得了良好成果, 王小云教授就是最优秀的一位. 她在密码分析领域, 提出并建立了 Hash 函数碰撞攻击的理论与技术, 成功破解了由图灵奖获得者 Rivest 设计的 MD5, 以及由美国国家标准与技术研究所 (NIST) 与安全局 (NSA) 设计的 SHA-1 等国际主要的一类基础密码算法 —— Hash 函数, 它们是常用的电子签名与数字证书的核心技术. 这一杰出成就震动了密码学界, 迫使美国国家标准与技术研究所于 2007 年启动新 Hash 函数标准 SHA-3 的五年设计工程. 她在消息认证码分析领域和密码设计领域都取得重大成果, 她主持设计的 Hash 函数算法 SM3, 被采纳为国家实用化算法.

我一点也不懂密码学, 但我非常高兴能为王小云的书写上几句不一定确切的外行话, 我觉得这是我的责任与义务. 我希望她安心搞科研、热心搞教学, 不计名利, 为密码学的科研和人才培养作出更大贡献.

潘承彪

2012 年 8 月 3 日

第一版前言

自 1976 年 Diffie 和 Hellman 提出公钥密码的思想以来, 密码学家设计了多个具有代表性的公钥密码算法. 这些密码算法的安全性均基于一些经典数学难题求解的困难性, 如因子分解问题、离散对数问题、背包问题以及格中的最短向量问题等. 而公钥密码算法分析的核心就是研究这些数学难题的快速求解算法. 为了更好地让信息安全专业的学生顺利学习、掌握现代密码学的基本理论, 深刻领会密码学与数学领域的学科交叉特点, 特编写了《公钥密码学的数学基础》作为信息安全专业的数学基础课教材. 本书所涉及的理论知识都是现代密码学特别是公钥密码学所需要的数学基础知识, 不仅可以作为信息安全专业本科生教学的教材, 也是密码科技工作者必要的专业参考书.

2003 年, 山东大学信息安全专业设立之初, 作者就着手撰写的《数论与代数结构》的讲义包含了现代密码学特别是公钥密码学所需要的数学基础知识, 本书不是初等数论和抽象代数的简单组合, 而是反映信息安全学科交叉特点, 并体现数学理论与密码应用相结合的教材. 本书的内容主要有以下三方面的特色. 一是数论与代数基本理论涵盖了一些重要的密码基础数学理论. 如我们既介绍辗转相除法、Euler 定理、孙子定理、原根等初等数论基本理论, 也讲述了在密码学中广泛使用的利用辗转相除法求最大公因子、求模逆模幂运算、离散对数、因子分解等密码基础数学理论. 二是注重理论与实践的紧密结合, 并突出实践. 在讲到比较重要的算法时, 我们都配备一定数量的实践题目, 使学生能体会到理论在实践中的应用. 三是将算法复杂性理论贯穿全书, 介绍与数论、代数基本理论相关的算法及其复杂性, 让读者初步体会数学理论在密码算法中的应用.

全书分为 11 章. 第 1 章至第 6 章分别介绍了初等数论的基本理论和工具：同余、原根、剩余类、连分数等. 原根的理论是 Diffie 和 Hellman 公钥密码算法的理论基础, 连分数在 RSA 公钥算法的分析和因子分解问题中都有重要的应用. 第 7 章至第 9 章介绍了抽象代数的基本概念, 给出了群、环、域三个基本的代数结构及其性质, 重点介绍了在大数乘法及密码快速实现方面有重要应用的中国剩余定理. 第 10 章介绍了计算复杂度的基本理论及密码学相关的基本数学算法：素判定问题、离散对数问题、因子分解问题. 第 11 章是格理论的简单介绍及格基约化算法 ——LLL 算法在公钥密码算法 RSA 分析中的应用.

本书是经过山东大学信息安全专业教学中多次使用并反馈修改的结果, 这对本书的最终完成具有十分重要的意义. 在本书的写作过程中, 初等数论部分重点参考了潘承洞与潘承彪两位教授出版的《初等数论》教材; 抽象代数部分参考了吴品三、张禾瑞以及刘绍学三位教授分别出版的近世代数相关教材. 本书的出版得到了教育部信息安全特色专业建设项目以及国家自然科学基金重点项目 (No.61133013) 的资助; 郑世慧、冯骐、魏普文等提出许多宝贵的修改意见, 在此表示衷心的感谢! 限于作者水平, 本书难免存在不足之处, 敬请读者批评指正.

作　者

2012 年 7 月

目 录

第二版前言

第一版序

第一版前言

第 1 章 整除 ······ 1

1.1 整除的概念 ······ 1

1.2 最大公因子与最小公倍数 ······ 5

1.3 Euclid 算法 ······ 10

1.4 求解一次不定方程 ——Euclid 算法应用之一 ······ 13

1.5 整数的素分解 ······ 14

1.6 使用 SageMath 进行整除相关的计算 ······ 20

习题 1 ······ 21

第 2 章 同余 ······ 23

2.1 同余的基本概念和基本性质 ······ 23

2.2 剩余类与剩余系 ······ 26

2.3 Euler 定理 ······ 31

2.4 Wilson 定理 ······ 34

2.5 使用 SageMath 进行同余相关的计算 ······ 37

习题 2 ······ 38

第 3 章 同余方程 ······ 40

3.1 一元高次同余方程的概念 ······ 40

3.2 一次同余方程 ······ 43

3.3 一次同余方程组与孙子定理 ······ 44

3.4 一般同余方程 ······ 47

3.5 二次剩余 ······ 49

3.6 Legendre 符号与 Jacobi 符号 ······ 52

3.7 使用 SageMath 求解同余方程 ······ 59

习题 3 ······ 59

第 4 章 指数与原根 ······ 61

4.1 指数及其性质 ······ 61

4.2 原根及其性质 ······ 64
4.3 指标、既约剩余系的构造 ······ 67
4.4 n 次剩余 ······ 72
4.5 使用 SageMath 进行指数与原根相关的计算 ······ 75
习题 4 ······ 76
第 5 章 素数分布的初等结果 ······ 78
5.1 素数的基本性质与分布的主要结果介绍 ······ 78
5.2 Euler 恒等式的证明 ······ 81
5.3 弱形式素数定理的证明 ······ 83
5.4 素数定理的等价命题 ······ 90
5.5 使用 SageMath 进行素数分布相关的计算 ······ 93
习题 5 ······ 94
第 6 章 简单连分数 ······ 95
6.1 简单连分数及其基本性质 ······ 95
6.2 实数的简单连分数表示 ······ 98
6.3 连分数在密码学中的应用——对 RSA 算法的低解密指数攻击 ······ 103
6.4 使用 SageMath 进行简单连分数相关的计算 ······ 104
习题 6 ······ 105
第 7 章 近世代数基本概念 ······ 106
7.1 映射 ······ 106
7.2 代数运算 ······ 109
7.3 带有运算集合之间的同态映射与同构映射 ······ 111
7.4 等价关系与分类 ······ 112
习题 7 ······ 113
第 8 章 群论 ······ 114
8.1 群的定义 ······ 114
8.2 循环群 ······ 116
8.3 子群、子群的陪集 ······ 117
8.4 同态基本定理 ······ 121
8.5 有限群的实例 ······ 124
8.6 使用 SageMath 进行群论相关的计算 ······ 127
习题 8 ······ 128
第 9 章 环与域 ······ 129
9.1 环的定义 ······ 129
9.2 整环、域、除环 ······ 131

9.3　子环、理想、环的同态 ······ 135
9.4　孙子定理的一般形式 ······ 140
9.5　欧氏环 ······ 142
9.6　有限域 ······ 144
9.7　商域 ······ 145
9.8　使用 SageMath 进行环与域相关的计算 ······ 148
习题 9 ······ 151
第 10 章　公钥密码学中的数学问题 ······ 152
10.1　时间估计与算法复杂性 ······ 152
10.2　素检测 ······ 158
10.3　分解因子问题 ······ 160
10.4　RSA 问题与强 RSA 问题 ······ 161
10.5　二次剩余 ······ 162
10.6　离散对数问题 ······ 164
10.7　使用 SageMath 求解公钥密码学中的数学问题 ······ 166
习题 10 ······ 167
第 11 章　格的基本知识 ······ 168
11.1　基本概念 ······ 168
11.2　格相关的计算问题 ······ 169
11.3　格基约化算法 ······ 171
11.4　LLL 算法应用 ······ 173
11.5　使用 SageMath 进行格相关的计算 ······ 179
习题 11 ······ 179
参考文献 ······ 181

第 1 章 整　　除

整除是数论中的基本概念. 本章主要介绍与整除相关的一些基本概念及其性质. 这些基本概念如整除、因子、公因子、最小公倍数、分解因子等, 早在中学时期已被大家所熟悉. 在这里我们将给出这些概念的严格的数学定义. 通过掌握这些概念的数学定义及相关性质, 我们可以进一步解决许多初等数论里与整除相关的问题. 整除理论内容丰富, 解决问题方法灵活. 它不仅是数论、代数的基础, 而且在密码学中有很广泛的应用, 如整数的素分解、Euclid 算法求最大公因子等问题在密码学中都有极其重要的应用.

1.1 整除的概念

我们用集合 $\mathbb{Z}$ 表示全体整数组成的集合, $\mathbb{N}$ 表示自然数的全体. 下面给出整除的定义.

1.1.1 整除与素数

定义 1.1 设 $a, b \in \mathbb{Z}$, 如果存在 $q \in \mathbb{Z}$, 使得 $b = aq$, 那么, 就说 b 可被 a 整除, 记作 $a|b$, 称 b 是 a 的倍数, a 是 b 的因子 (也可称为约数、除数). 否则就说 b 不能被 a 整除, 或 a 不整除 b, 记作 $a \nmid b$.

由定义及乘法的运算规律, 立即可得出整除的以下性质:

定理 1.2 设 $a, b, c \in \mathbb{Z}$, 则

(1) $a|b$ 且 $b|c \Rightarrow a|c$;

(2) $a|b$ 且 $a|c \Leftrightarrow$ 对任意的 $x, y \in \mathbb{Z}$ 有 $a|bx + cy$;

(3) 若 $m \in \mathbb{Z}$ 且 $m \neq 0$, 则 $a|b \Leftrightarrow ma|mb$;

(4) $a|b$ 且 $b|a \Rightarrow a = \pm b$;

(5) 若 $b \neq 0$, 则 $a|b \Rightarrow |a| \leqslant |b|$.

证明 (1) 由于 $a|b$, 根据整除的定义知存在 q_1, 使 $b = aq_1$. 同样存在 q_2 使得 $c = bq_2$, 从而

$$c = q_2 b = (q_1 q_2) a,$$

即 $a|c$.

(2) 由 $a|b$, $a|c$ 知, 存在 r, s 使得 $b = ar, c = as$. 对任意的 $x, y \in \mathbb{Z}$ 有

$$bx + cy = arx + asy = a(rx + sy),$$

故 $a|bx + cy$. 反之显然.

性质 (3)—(5) 证明类似, 读者可以自己补出证明. □

显然 $\pm 1, \pm b$ 是 b 的因子, 我们称其为 b 的显然因子, 其他因子称为 b 的非显然因子, 或真因子. 由此我们可引出素元的定义.

定义 1.3　设整数 $p \neq 0, \pm 1$. 如果 p 除了显然因子 $\pm 1, \pm p$ 外没有其他的因子, 那么 p 就称为素元 (常称为素数), 若整数 $a \neq 0, \pm 1$, 且 a 除显然因子外还含有真因子, 则称 a 为合数.

注　一般情况下, 素数我们只取正的.

下面我们介绍几个关于素数的定理.

定理 1.4　若 a 为合数, 则 a 的最小真因子为素数.

证明　由 a 为合数知 $a > 2$. 设 d 为 a 的最小真因子. 若 d 不为素数, 则存在 d 的真因子 d', 使 $d'|d$, 由性质 (1) 知 $d'|a$, 与 d 为最小真因子矛盾. 定理得证. □

定理 1.5　素数有无穷多个.

证明　假设只有有限个素数, 设为 $p_1, p_2, \cdots, p_k$. 考虑 $a = p_1 p_2 \cdots p_k + 1$, 由定理 1.4 知, 整除 a 的最小真因子一定为素数, 记为 p. 由于 p 为素数, 因而 p 必等于某个 p_i, 所以 $p|a$, $p|p_1 p_2 \cdots p_k$ 同时成立, 从而 $p|1$, 这与 p 是素数矛盾. 因此定理得证. □

将素数从小到大排列, 假设 p_n 表示第 n 个素数, $\pi(x)$ 表示不超过 x 的素数个数. 虽然我们无法知道 p_n 的确切位置, 但是, 我们可以得到 p_n 的弱上界估计. 下面定理仅描述了 p_n 的一个弱上界估计与 $\pi(x)$ 的一个弱下界估计. 而对于 $\pi(x)$ 更为精确的估计, 超出本书的讨论范围, 有兴趣的读者可参考文献 [23].

定理 1.6　将全体素数按从小到大的顺序排列, 则第 n 个素数 p_n 与 $\pi(x)$ 分别有以下结论:

(1) $p_n \leqslant 2^{2^{n-1}}, n = 1, 2, \cdots$;

(2) $\pi(x) > \log_2 \log_2 x, x \geqslant 2$.

证明　(1) 我们用归纳法来证明定理的第一部分成立. 当 $n = 1$ 时, 命题

显然成立. 假设对于 $n \leqslant k$ 时, 命题成立. 当 $n = k+1$ 时, 由定理 1.4 知, $p_{k+1} \leqslant p_1p_2\cdots p_k + 1$, 由归纳假设

$$p_{k+1} \leqslant 2^{2^0}2^{2^1}\cdots 2^{2^{k-1}} + 1 = 2^{2^k-1} + 1 < 2^{2^k}.$$

于是命题 (1) 得证.

(2) 对于任意的 $x \geqslant 2$, 必存在唯一的整数 n, 使得 $2^{2^{n-1}} \leqslant x < 2^{2^n}$, 从而由第一部分结论得

$$\pi(x) \geqslant \pi(2^{2^{n-1}}) \geqslant n > \log_2\log_2 x,$$

定理得证. □

初等数论还有一个最基本的结论: 带余除法定理, 它是整除的一般情形, 也是 Euclid 算法的基础.

1.1.2 带余除法

定理 1.7 设 a, b 是两个给定的整数且 $a \neq 0$. 那么一定存在唯一的一对整数 q 与 r, 满足

$$b = qa + r,\quad 0 \leqslant r < |a|,$$

其中, r 被称为 b 被 a 除后的最小非负余数. 此外 $a|b$ 的充要条件是 $r = 0$.

证明 唯一性: 若还有整数 q' 与 r' 满足

$$b = aq' + r',\quad 0 \leqslant r' < |a|.$$

则有 $0 \leqslant |r' - r| < |a|$ 及 $r' - r = (q - q')a$. 由整除的性质立即可得 $r' - r = 0$, 所以唯一性成立.

存在性: 当 $a|b$ 时, 可取 $q = \dfrac{b}{a}$, $r = 0$. 当 $a \nmid b$ 时, 考虑集合

$$T = \{b - ka | k = \pm1, \pm2, \pm3, \cdots\},$$

容易看出, 集合 T 中必有正整数 $\left(\text{例如, 取 } k = \dfrac{-2|ab|}{a}\right)$, T 中必有一个最小正整数, 记为

$$t_0 = b - k_0a > 0.$$

我们来证明必有 $t_0 < |a|$. 因为 $a \nmid b$, 所以 $t_0 \neq |a|$. 若 $t_0 > |a|$, 则 $t_1 = t_0 - |a| > 0$. 显见 $t_1 \in T$, $t_1 < t_0$, 这和 t_0 的最小性矛盾. 取 $q = k_0$, $r = t_0$ 就满足要求. 显然, $a|b$ 的充要条件是 $r = 0$. 定理得证. □

下面利用带余除法对整数进行分类. 设 $a \geqslant 2$ 是给定的正整数, $j = 0, 1, 2, \cdots, a-1$. 对给定的 j, 被 a 除后余数等于 j 的全体整数是

$$ak + j,\quad k = \pm1, \pm2, \pm3, \cdots,$$

这些整数组成的集合记为 $S_{a,j}$. 集合 $\{S_{a,j}: 0 \leqslant j \leqslant a-1\}$ 满足以下两个性质:

(1) $\{S_{a,j}: 0 \leqslant j \leqslant a-1\}$ 中的任两个 $S_{a,j}$ 两两不相交, 即

$$S_{a,j} \cap S_{a,j'} = \varnothing, \quad 0 \leqslant j \neq j' \leqslant a-1.$$

(2) $\{S_{a,j}: 0 \leqslant j \leqslant a-1\}$ 中所有子集的并等于 $\mathbb{Z}$, 即

$$\bigcup_{0 \leqslant j \leqslant a-1} S_{a,j} = \mathbb{Z}.$$

这样按被 a 除后所得不同的最小非负余数, 将全体整数分成了两两不相交的 a 个类. 这种分类对于一些数学问题的处理会带来很大的方便.

例 1.8 对于任意整数 x, x^3 被 9 除后所得的最小非负余数是 0, 1, 8.

证明 对于任意的整数 x, 存在 $0 \leqslant j \leqslant 8$ 使得 $x \in S_{9,j}$. 因此只需检验 0 至 8 之间的数即可,

$$\begin{aligned}
&0^3 = 0 \times 9 + 0, \quad &1^3 = 0 \times 9 + 1, \quad &2^3 = 0 \times 9 + 8,\\
&3^3 = 3 \times 9 + 0, \quad &4^3 = 7 \times 9 + 1, \quad &5^3 = 13 \times 9 + 8,\\
&6^3 = 24 \times 9 + 0, \quad &7^3 = 38 \times 9 + 1, \quad &8^3 = 56 \times 9 + 8.
\end{aligned}$$

例题得证. □

例 1.9 设 $a \geqslant 2$ 是给定的正整数. 那么, 任一正整数 n 必可唯一表示为

$$n = r_k a^k + r_{k-1} a^{k-1} + \cdots + r_1 a^1 + r_0,$$

其中整数 $k \geqslant 0$, $0 \leqslant r_j \leqslant a-1 (0 \leqslant j \leqslant k)$, $r_k \neq 0$. 这就是正整数 n 的 a 进制表示.

证明 对正整数 n 必有唯一的 $k \geqslant 0$, 使 $a^k \leqslant n < a^{k+1}$. 由带余除法知, 必有唯一的 q_0, r_0 满足

$$n = q_0 a + r_0, \quad 0 \leqslant r_0 < a.$$

若 $k=0$, 则必有 $q_0 = 0, 1 \leqslant r_0 < a$, 所以结论成立. 假设 $k = m \geqslant 0$ 时结论成立. 那么当 $k = m+1$ 时, 上式中的 q_0 必满足

$$a^m \leqslant q_0 < a^{m+1}.$$

由假设知

$$q_0 = s_m a^m + \cdots + s_0,$$

其中 $0 \leqslant s_j \leqslant a-1(0 \leqslant j \leqslant m-1)$, $1 \leqslant s_m \leqslant a-1$. 因而有

$$n = s_m a^{m+1} + \cdots + s_0 a + r_0.$$

即结论对 $m+1$ 也成立. 定理得证. □

例 1.10 将十进制整数 27182 写成十二进制的形式.

解 进行下面的算法

$$\begin{aligned} 27182 &= 12 \cdot 2265 + 2, \\ 2265 &= 12 \cdot 188 + 9, \\ 188 &= 12 \cdot 15 + 8, \\ 15 &= 12 \cdot 1 + 3, \\ 1 &= 12 \cdot 0 + 1, \end{aligned}$$

得

$$27182_{10} = 13892_{12}.$$

1.2 最大公因子与最小公倍数

最大公因子与最小公倍数是整除理论中两个最基本的概念. 本节主要讨论最大公因子与最小公倍数的概念及其性质.

1.2.1 最大公因子

定义 1.11 设 a_1, a_2 是两个整数. 如果 $d|a_1$ 且 $d|a_2$, 那么就称 d 是 a_1 和 a_2 的公因子. 一般地, 设 $a_1, a_2, \cdots, a_k$ 是 k 个整数. 如果 $d|a_1, d|a_2, \cdots, d|a_k$, 那么就称 d 是 $a_1, a_2, \cdots, a_k$ 的公因子.

定义 1.12 设 a_1, a_2 是两个不全为零的整数, d 是 a_1 和 a_2 的一个正公因子, 若对任意的 $d'|a_1, d'|a_2$ 都有 $d'|d$ 成立, 则称 d 为 a_1 和 a_2 的最大公因子, 记作 $d=(a_1, a_2)$ 或 $d=\gcd(a_1, a_2)$. 一般地, 设 $a_1, a_2, \cdots, a_k$ 是 k 个不全为零的整数, d 是 $a_1, a_2, \cdots, a_k$ 的一个正公因子, 若对任意的 $a_1, a_2, \cdots, a_k$ 的公因子 d', 有 $d'|d$, 则称 d 为 $a_1, a_2, \cdots, a_k$ 的最大公因子, 记作 $(a_1, a_2, \cdots, a_k)$ 或 $\gcd(a_1, a_2, \cdots, a_k)$.

从定义 1.12 知, 最大公因子即是公因子中最大的一个, 最大公因子存在性的证明可参看文献 [20]. 最大公因子有下面性质.

定理 1.13 (1) 对任意整数 x, $(a_1, a_2) = (a_1, a_2 + a_1 x)$.

(2) 设 $m > 0$, 则 $m(b_1, \cdots, b_k) = (mb_1, \cdots, mb_k)$.

(3) 设 a_1, a_2 是两个不全为零的整数, 则 $\left(\frac{a_1}{(a_1,a_2)}, \frac{a_2}{(a_1,a_2)}\right) = 1$. 更一般地, 有

$$\left(\frac{a_1}{(a_1,\cdots,a_k)}, \cdots, \frac{a_k}{(a_1,\cdots,a_k)}\right) = 1.$$

(4) $(a_1, a_2) = (a_1, a_2, da_1) = (a_1, a_2, da_2)$.

(5) $(a_1, a_2, a_3) = ((a_1, a_2), a_3)$.

定理的结论比较显然, 证明留给读者补出. 定理提供了一种求解最大公因子的很简单、实用的方法.

例 1.14 对任意的整数 m, 有

$$(18m+5, 12m+3) = (6m+2, 12m+3) = (6m+2, -1) = 1;$$

$$(4m+5, 2m+1) = (3, 2m+1) = \begin{cases} 3, & m = 3k+1, \\ 1, & m = 3k \text{ 或 } 3k+2. \end{cases}$$

例 1.15 设 $a > 2$ 是奇数. 证明

(1) 一定存在正整数 $d \leqslant a-1$, 使得 $a|2^d - 1$.

(2) 设 d_0 是满足 $a|2^d - 1$ 的最小正整数, 那么 $a|2^h - 1$(其中 $h \in \mathbb{N}$) 的充要条件是 $d_0|h$.

(3) 必有正整数 d 使 $(2^d - 3, a) = 1$.

证明 (1) 考虑以下 a 个数

$$2^0,\ 2^1,\ 2^2, \cdots,\ 2^{a-1}.$$

由 $a \nmid 2^j (0 \leqslant j < a)$ 及带余除法知, 对每个 j, $0 \leqslant j < a$, 存在 q_j, r_j 使得

$$2^j = q_j a + r_j, \quad 0 < r_j < a.$$

所以 a 个余数 $r_0, r_1, \cdots, r_{a-1}$ 仅可能取 $a-1$ 个值. 根据鸽巢原理知其中必有两个余数相等, 不妨设 $0 \leqslant i < k < a$ 且 $r_i = r_k$, 因而有

$$a(q_k - q_i) = 2^k - 2^i = 2^i(2^{k-i} - 1).$$

由 $(a, 2) = 1$, 推出 $a|2^{k-i} - 1$. 取 $d = k - i \leqslant a - 1$ 就满足要求.

(2) 充分性是显然的, 需证必要性. 同样由带余除法定理得

$$h = qd_0 + r, \quad 0 \leqslant r < d_0.$$

因而有

$$2^h-1=2^{qd_0+r}-2^r+2^r-1=2^r(2^{qd_0}-1)+(2^r-1).$$

由 $a|2^h-1$ 及 $a|2^{qd_0}-1$, 易知 $a|2^r-1$. 由此及 d_0 的最小性可以推出 $r=0$, 即 $d_0|h$.

(3) 由 (1) 知, 存在 d 使 $a|2^d-1$, 可以推出

$$(2^d-3,a)=(2^d-1-2,a)=(-2,a)=1.$$

例题得证. □

定义 1.16　设 a_1,a_2 是两个整数, 若 $(a_1,a_2)=1$, 则称 a_1 和 a_2 是既约的 (或者是互素的). 若 $(a_1,\cdots,a_k)=1$, 则称 $a_1,\cdots,a_k$ 是既约的, 也称 $a_1,\cdots,a_k$ 是互素的.

例 1.17　Fermat 数定义如下

$$F_n=2^{2^n}+1,$$

其中 n 为非负整数. 证明：任意两个不同的 Fermat 数互素.

证明　对任意两个不同的 Fermat 数 F_m,F_n, 不妨设 $n=m+k,k>0$. 我们有

$$\frac{F_n-2}{F_m}=\frac{F_{m+k}-2}{F_m}=\frac{2^{2^{m+k}}-1}{2^{2^m}+1}=\frac{(2^{2^m})^{2^k}-1}{2^{2^m}+1},$$

可得 $F_m|F_n-2$. 由

$$(F_m,F_n)|F_n,\quad (F_m,F_n)|F_n-2,$$

于是有 $(F_m,F_n)|2$. 又由 Fermat 数的定义知 F_n 为奇数, 所以 $(F_m,F_n)=1$. 例题得证. □

例 1.18　证明等式$\left(\dfrac{a}{(a,c)},\dfrac{b}{(b,a)},\dfrac{c}{(c,b)}\right)=1$ 成立.

证明　由

$$\frac{a}{(a,c)}\,\Big|\,\frac{a}{(a,b,c)},\quad \frac{b}{(a,b)}\,\Big|\,\frac{b}{(a,b,c)},\quad \frac{c}{(b,c)}\,\Big|\,\frac{c}{(a,b,c)},$$

可得

$$\left(\frac{a}{(a,c)},\frac{b}{(b,a)},\frac{c}{(c,b)}\right)\,\Big|\,\left(\frac{a}{(a,b,c)},\frac{b}{(a,b,c)},\frac{c}{(a,b,c)}\right)=1.$$

故

$$\left(\frac{a}{(a,c)}, \frac{b}{(b,a)}, \frac{c}{(c,b)}\right) = 1.$$

例题得证. □

1.2.2 最小公倍数

定义 1.19 设 a_1, a_2 是两个均不等于零的整数. 如果 $a_1|l, a_2|l$, 则称 l 是 a_1 和 a_2 的公倍数. 一般地, 设 $a_1, \cdots, a_k$ 是 k 个均不等于零的整数. 如果 $a_1|l, \cdots, a_k|l$, 则称 l 是 $a_1, \cdots, a_k$ 的公倍数.

定义 1.20 设 a_1, a_2 是两个全不为零的整数, l 是 a_1 和 a_2 的一个大于零的公倍数, 若对 a_1, a_2 的任意公倍数 l', 有 $l|l'$, 则称 l 为 a_1 和 a_2 的最小公倍数, 记作 $[a_1, a_2]$. 一般地, l 是 $a_1, \cdots, a_k$ 的一个大于零的公倍数, 对 $a_1, \cdots, a_k$ 的任意公倍数 l', 有 $l|l'$, 称 l 为 $a_1, \cdots, a_k$ 的最小公倍数, 记作 $[a_1, \cdots, a_k]$.

关于最小公倍数与最大公因子, 我们有以下结论:

定理 1.21 (1) 若 $a_2|a_1$, 则 $[a_1, a_2] = |a_1|$; 若 $a_j|a_1$, $2 \leqslant j \leqslant k$, 则 $[a_1, a_2, \cdots, a_k] = |a_1|$.

(2) 对任意的 $d|a_1$, $[a_1, a_2] = [a_1, a_2, d]$.

(3) 设 $m > 0$, 有 $[ma_1, ma_2, \cdots, ma_k] = m[a_1, a_2, \cdots, a_k]$.

(4) $(a_1, a_2, a_3, \cdots, a_k) = ((a_1, a_2), a_3, \cdots, a_k)$.

(5) $(a_1, \cdots, a_{k+r}) = ((a_1, \cdots, a_k), (a_{k+1}, \cdots, a_{k+r}))$.

证明 设

$$L = [ma_1, ma_2, \cdots, ma_k], \quad L' = [a_1, a_2, \cdots, a_k].$$

由 $ma_j|L (1 \leqslant j \leqslant k)$ 推出 $a_j|(L/m), 1 \leqslant j \leqslant k$, 进而, 由最小公倍数定义知 $L' \leqslant L/m$. 另一方面, 由 $a_j|L', 1 \leqslant j \leqslant k$ 推出 $ma_j|mL', 1 \leqslant j \leqslant k$, 由最小公倍数定义知 $mL' \geqslant L$. 从以上两方面可以推出 (3) 成立.

设

$$d = (a_1, a_2, a_3, \cdots, a_k), \quad d' = ((a_1, a_2), a_3, \cdots, a_k).$$

下证 $d = d'$. 由 $d|a_j (1 \leqslant j \leqslant k)$, 则 $d|(a_1, a_2)$, $d|a_j (3 \leqslant j \leqslant k)$, 从而 $d|d'$. 反过来, 由 $d'|(a_1, a_2)$, $d'|a_j (3 \leqslant j \leqslant k)$, 可以推出 $d'|a_j (1 \leqslant j \leqslant k)$, 所以 $d'|d$. (4) 得证.

定理的 (1), (2), (5) 比较简单, 详细证明留给读者. □

关于最小公倍数与最大公因子, 进一步有下列结论:

定理 1.22 设 $(m,a)=1$, 则有 $(m,ab)=(m,b)$.

证明 当 $m=0$ 时, $a=\pm1$, 结论显然成立. 当 $m\neq 0$ 时,

$$(m,b)=(m,b(m,a))=(m,(mb,ab))=(m,mb,ab)=(m,ab).$$

定理得证. □

推论 1.23 设 $(m,a)=1$, n 是正整数, 则有 $(m,a^n)=1$.

推论 1.24 设 $(a,b)=1$, k,t 是正整数, 则有 $(a^k,b^t)=1$.

定理 1.25 设 $(m,a)=1$. 若 $m|ab$, 则 $m|b$.

证明 由定理 1.22 得 $|m|=(m,ab)=(m,b)$, 这就推出 $m|b$. □

定理 1.26 $[a_1,a_2](a_1,a_2)=|a_1a_2|$.

证明 当 $(a_1,a_2)=1$ 时结论成立. 设 $l=[a_1,a_2]$, 则 $l|a_1a_2$. 另一方面, 由 $a_1|l$ 知 $l=a_1l'$. 进而由 $a_2|l=a_1l'$, $(a_2,a_1)=1$ 及定理 1.25 知 $a_2|l'$, 所以 $a_1a_2|l$. 结论得证. 当 $(a_1,a_2)\neq 1$ 时, 由定理 1.13 知

$$\left(\frac{a_1}{(a_1,a_2)},\frac{a_2}{(a_1,a_2)}\right)=1,$$

从而有

$$\left[\frac{a_1}{(a_1,a_2)},\frac{a_2}{(a_1,a_2)}\right]=\frac{|a_1a_2|}{(a_1,a_2)^2}.$$

即得结论. □

例 1.27 设 k 是正整数, 证明:

(1) $(a^k,b^k)=(a,b)^k$;

(2) 设 a,b 是整数, 若 $(a,b)=1$, $ab=c^k$, 则 $a=(a,c)^k$, $b=(b,c)^k$.

证明 由定理 1.13 得

$$(a^k,b^k)=(a,b)^k\left(\frac{a^k}{(a,b)^k},\frac{b^k}{(a,b)^k}\right)=(a,b)^k\left(\left(\frac{a}{(a,b)}\right)^k,\left(\frac{b}{(a,b)}\right)^k\right).$$

而

$$\left(\left(\frac{a}{(a,b)}\right),\left(\frac{b}{(a,b)}\right)\right)=1,$$

故由定理 1.22 知

$$\left(\left(\frac{a}{(a,b)}\right)^k,\left(\frac{b}{(a,b)}\right)^k\right)=1.$$

这就证明了 (1) 成立. 由 $(a,b)=1$ 推出 $(a^{k-1},b)=1$, 从而

$$a=a(a^{k-1},b)=(a^k,ab)=(a^k,c^k)=(a,c)^k.$$

同理得到 $b=(b,c)^k$. □

例 1.28　设 p 是素数, 证明：$\sqrt{p}$ 不是有理数.

证明　设 $\frac{a}{b}=\sqrt{p},(a,b)=1$, 则 $\frac{a^2}{b^2}=p$. 所以, $pb^2=a^2$, 即 $p|a$, $p^2|a^2$, 于是 $p|b$. 这与 $(a,b)=1$ 矛盾. 得证. □

1.3　Euclid 算法

1.3 Euclid算法

辗转相除法也叫 **Euclid 算法**, 是数学领域最基本的算法之一, 其思想方法在数学的许多分支都有重要的应用. 利用 Euclid 算法可以求出有限个整数之间的最大公因子. Euclid 算法可以直接用于求解一次不定方程. Euclid 算法在密码学中也有多种应用, 并可用于破解或分析某些密码算法的安全性.

定理 1.29 (Euclid 算法)　设 a,b 是给定的两个整数, $b\neq 0$, 且 b 不能整除 a, 重复应用带余除法得到下面 $k+2$ 个等式:

$$\begin{aligned}
a&=q_0b+r_0, \quad 0<r_0<|b|,\\
b&=q_1r_0+r_1, \quad 0<r_1<r_0,\\
r_0&=q_2r_1+r_2, \quad 0<r_2<r_1,\\
&\cdots\cdots\\
r_{k-3}&=q_{k-1}r_{k-2}+r_{k-1}, \quad 0<r_{k-1}<r_{k-2},\\
r_{k-2}&=q_kr_{k-1}+r_k, \quad 0<r_k<r_{k-1},\\
r_{k-1}&=q_{k+1}r_k.
\end{aligned}$$

证明　对 a,b 应用带余除法, 由 b 不能整除 a 知, 第 1 个等式成立. 同样如果 r_0 不能整除 b, 第 2 个等式成立. 依次下去, 就得到

$$|b|>r_0>r_1>\cdots>r_{j-1}>0$$

及前面 $j-2$ 个等式成立. 若 $r_{j-1}|r_{j-2}$, 则定理对 $k=j-2$ 时成立; 若 $r_{j-1}\nmid r_{j-2}$, 则继续对 r_{j-2},r_{j-1} 用带余除法. 由于小于 $|b|$ 的正整数只有有限个以及 1 整除任一整数, 所以一定会出现某个 k, 要么 $1<r_k|r_{k-1}$, 要么 $1=r_k|r_{k-1}$. 定理得证. □

定理 1.29 所描述的是余数取最小非负剩余的 Euclid 算法. 在本书 10.1 节中, 我们给出了扩展 Euclid 算法及算法的时间复杂度估计.

定理 1.30 在定理 1.29 的条件和符号下, 我们有

(1) $r_k = (a, b)$;

(2) 存在整数 x_0, x_1 使 $(a, b) = ax_0 + bx_1$.

证明 (1) 从定理 1.29 的最后一式开始, 依次往上推, 可得

$$r_k = (r_k, r_{k-1}) = \cdots = (r_1, r_0) = (r_0, b) = (a, b).$$

结论成立.

(2) 由 Euclid 算法中的第 $k+1$ 式, (a, b) 可表成 r_{k-1} 和 r_{k-2} 的整系数线性组合, 利用第 $k+1$ 式可消去 r_{k-1}, 得到 (a, b) 的关于 r_{k-2} 和 r_{k-3} 的整系数线性组合. 这样依次利用第 $k, k-1, \cdots, 2, 1$ 式, 就得到 (a, b) 表为 a 和 b 的整系数线性组合. □

定理 1.30 不但给出了求两个数的最大公因子的一个十分方便的具体算法, 而且同时给出了求 x_1, x_0 的具体算法. 该结论的证明可参看文献 [18]. 由定理 1.30 可得下面结论.

推论 1.31 设 $a_1, \cdots, a_k$ 是不全为零的整数, 一定存在一组整数 $x_{1,0}, \cdots, x_{k,0}$, 使得

$$(a_1, \cdots, a_k) = a_1x_{1,0} + \cdots + a_kx_{k,0}.$$

例 1.32 求 42823 及 6409 的最大公因子, 并将它表示成 42823 和 6409 的整系数线性组合形式.

解 由 Euclid 算法可得

$$\begin{aligned}42823 &= 6 \cdot 6409 + 4369,\\ 6409 &= 1 \cdot 4369 + 2040,\\ 4369 &= 2 \cdot 2040 + 289,\\ 2040 &= 7 \cdot 289 + 17,\\ 289 &= 17 \cdot 17,\end{aligned}$$

即 $(42823, 6049) = 17$. 下面是上面过程的逆过程

$$\begin{aligned}17 &= 2040 - 7 \cdot 289,\\ 17 &= -7 \cdot 4369 + 15 \cdot 2040,\\ 17 &= 15 \cdot 6409 - 22 \cdot 4369,\\ 17 &= -22 \cdot 42823 + 147 \cdot 6409.\end{aligned}$$

这就求出了线性组合形式：

$$(42823, 6409) = -22 \cdot 42823 + 147 \cdot 6409.$$

例 1.33 若 $(a,b)=1$, 则任一整数 n 必可表为 a, b 的整系数线性组合的形式.

证明 由 $(a,b)=1$ 知, 存在 x_0, y_0 使 $ax_0+by_0=1$. 因而取 $x=nx_0$, $y=ny_0$ 可得 $n=xa+yb$. □

例 1.34 设 a,m,n 是正整数, $a \geqslant 2$. 证明

$$(a^m-1, a^n-1) = a^{(m,n)}-1.$$

证明 不妨设 $m \geqslant n$. 由带余除法得

$$m = q_1 n + r_1, \quad 0 \leqslant r_1 < n.$$

我们有

$$a^m - 1 = a^{q_1 n + r_1} - a^{r_1} + a^{r_1} - 1 = a^{r_1}(a^{q_1 n}-1) + a^{r_1} - 1.$$

由此及 $a^n-1|a^{q_1 n}-1$ 得

$$(a^m-1, a^n-1) = (a^{r_1}-1, a^n-1).$$

注意到 $(m,n)=(n,r_1)$, 若 $r_1=0$, 则 $(m,n)=n$, 结论成立. 若 $r_1>0$, 则继续对 $(a^{r_1}-1, a^n-1)$ 作同样的讨论, 由辗转相除法知, 结论成立. 命题得证. □

例 1.35 Fibonacci 数列定义如下：

$$f_1=1, f_2=1, \cdots, f_n=f_{n-1}+f_{n-2}, \quad n \geqslant 3.$$

证明：任意两个相邻的 Fibonacci 数互素.

证明 显然 $(f_1,f_2)=1, (f_2,f_3)=1$. 下面我们证明 $(f_k,f_{k+1})=1$, $k \geqslant 3$. 由 Fibonacci 数列的定义, 我们可以进行如下的 Euclid 算法

$$\begin{aligned} f_{k+1} &= f_k \cdot 1 + f_{k-1}, \\ f_k &= f_{k-1} \cdot 1 + f_{k-2}, \\ &\cdots\cdots \\ f_5 &= f_4 \cdot 1 + f_3, \\ f_4 &= f_3 \cdot 1 + f_2, \\ f_3 &= f_2 \cdot 2. \end{aligned}$$

于是, 由 Euclid 算法知, $(f_k, f_{k+1}) = f_2 = 1$. 例题得证. □

1.4 求解一次不定方程 ——Euclid 算法应用之一

辗转相除法的应用十分广泛, 在此介绍一个辗转相除法在解一次不定方程的应用. 所谓的一次不定方程的一般形式是

1.4 求解一次不定方程——Euclid算法应用之一

$$a_1x_1 + \cdots + a_kx_k = c, \tag{1.1}$$

其中整数 $k \geqslant 2$, $c, a_1, \cdots, a_k$ 是整数, 且 $a_1, \cdots, a_k$ 都不等于零, $x_1, \cdots, x_k$ 是整数变数.

首先给出方程 (1.1) 有解的一个充要条件.

定理 1.36 不定方程 (1.1) 有解的充要条件是 $(a_1, \cdots, a_k)|c$. 当不定方程 (1.1) 有解时, 它的解和不定方程

$$\frac{a_1}{d}x_1 + \cdots + \frac{a_k}{d}x_k = \frac{c}{d} \tag{1.2}$$

的解相同, 这里 $d = (a_1, \cdots, a_k)$.

证明 必要性显然. 下证充分性. 若 $d|c$, 设 $c = dc_1$. 则必有整数 $y_{1,0}, \cdots, y_{k,0}$ 使得

$$a_1y_{1,0} + \cdots + a_ky_{k,0} = d,$$

因此 $x_1 = c_1y_{1,0}, \cdots, x_k = c_1y_{k,0}$, 即为 (1.1) 的一组解, 充分性成立.

由于 (1.1) 有解时必有 $d|c$, 而这时不定方程 (1.1) 和 (1.2) 是同一个方程, 这就证明了后一个结论. □

定理 1.37 设二元一次不定方程

$$a_1x_1 + a_2x_2 = c \tag{1.3}$$

有解, 若 $x_{1,0}, x_{2,0}$ 是它的一组解. 那么它的所有解是

$$\begin{cases} x_1 = x_{1,0} + \dfrac{a_2}{(a_1, a_2)}t, \\ x_2 = x_{2,0} - \dfrac{a_1}{(a_1, a_2)}t, \end{cases}$$

其中 $t = 0, \pm1, \pm2, \cdots$.

证明　容易验证定理给出的每一对 x_1, x_2 为 (1.3) 的解. 反过来, 设 x_1, x_2 是 (1.3) 的一组解, 我们有

$$a_1x_1 + a_2x_2 = a_1x_{1,0} + a_2x_{2,0}.$$

从而有

$$a_1(x_1 - x_{1,0}) = -a_2(x_2 - x_{2,0}),$$

$$\frac{a_1}{(a_1, a_2)}(x_1 - x_{1,0}) = -\frac{a_2}{(a_1, a_2)}(x_2 - x_{2,0}).$$

又由于 $\left(\frac{a_1}{(a_1, a_2)}, \frac{a_2}{(a_1, a_2)}\right) = 1$, 所以

$$x_1 - x_{1,0} = \frac{a_2}{(a_1, a_2)}t, \quad x_2 - x_{2,0} = -\frac{a_1}{(a_1, a_2)}t.$$

定理得证. □

由上面的定理可得到求解二元一次不定方程的步骤:

(1) 验证 $(a_1, a_2)|c$ 是否成立.

(2) 若 $(a_1, a_2)|c$, 则方程有解, 设法去求出一组特解 $x_{1,0}, x_{2,0}$, 然后利用公式给出方程的全部解.

下面具体举几个例子来说明求解步骤.

例 1.38　解二元一次不定方程 $3x_1 + 5x_2 = 11$.

解　容易看出方程的一组特解为 $x_1 = 2,\ x_2 = 1$. 因为 $(3, 5) = 1$, 所以方程的解为

$$\begin{cases} x_1 = 2 + 5t, \\ x_2 = 1 - 3t, \end{cases}$$

这里 $t = 0, \pm 1, \pm 2, \cdots$.

1.5　整数的素分解

从理论上, 任一整数均可分解为素数的乘积的形式. 而实际上求一个大整数的素分解是一个困难问题. 到目前为止还不存在一个确定性的多项式时间算法来分解一个大整数. 而求整数的素分解的困难性恰恰是一些公钥密码算法安全性的理论基础. 下面来介绍有关整数素分解的定理.

引理 1.39　*设 p 是素数且 $p|a_1a_2$. 那么 $p|a_1$ 或 $p|a_2$ 至少有一个成立. 一般*

地, 若 $p|a_1\cdots a_k$, 则 $p|a_1,\cdots,p|a_k$ 至少有一个成立.

1.5.1 算术基本定理

定理 1.40 (算术基本定理) 设 $a>1$, 那么, 必有

$$a=p_1p_2\cdots p_s, \tag{1.4}$$

其中 $p_j(1\leqslant j\leqslant s)$ 是素数, 且在不计次序的意义下, 表示式 (1.4) 是唯一的.

证明 存在性：我们用数学归纳法来证. 当 $a=2$ 时, 2 是素数, 所以结论成立. 假设当 $2\leqslant a<n$ 时, 结论成立. 当 $a=n$ 时, 若 n 是素数, 则结论成立; 若 n 是合数, 则必有 $n=n_1n_2$, $2\leqslant n_1$, $n_2<n$, 由假设知 n_1, n_2 都可表为素数的乘积

$$n_1=p_{11}\cdots p_{1s},\quad n_2=p_{21}\cdots p_{2r}.$$

这样, 就把 a 表为素数的乘积

$$a=n=n_1n_2=p_{11}\cdots p_{1s}p_{21}\cdots p_{2r}.$$

因此整数的素分解是存在的.

唯一性：若有两种形式的素分解

$$a=p_1p_2\cdots p_s,\quad p_1\leqslant p_2\leqslant\cdots\leqslant p_s,$$

$$a=q_1q_2\cdots q_r,\quad q_1\leqslant q_2\leqslant\cdots\leqslant q_r,$$

其中 $p_i(1\leqslant i\leqslant s),q_i(1\leqslant i\leqslant r)$ 是素数, 我们来证明必有 $r=s$, $p_i=q_i(1\leqslant i\leqslant s)$. 不妨设 $r\geqslant s$, 由 $q_1|a=p_1p_2\cdots p_s$ 知必有某个 p_j 满足 $q_1|p_j$. 由于 q_1 和 p_j 是素数, 所以 $q_1=p_j$. 同样, 由 $p_1|a=q_1q_2\cdots q_r$ 知必有某个 q_i 满足 $p_1|q_i$, 因而 $p_1=q_i$. 由于 $q_1\leqslant q_i=p_1\leqslant p_j$, 所以 $p_1=q_1$. 因此

$$q_2q_3\cdots q_r=p_2p_3\cdots p_s.$$

同样依次可得

$$q_2=p_2,\cdots,q_s=p_s,q_{s+1}=1,\cdots,q_r=1.$$

所以不存在 $q_{s+1},\cdots,q_r$, 即 $r=s$. 定理得证. □

推论 1.41 设 $a>1$, 那么必有

$$a=p_1^{\alpha_1}\cdots p_s^{\alpha_s},\quad p_1<p_2<\cdots<p_s, \tag{1.5}$$

式 (1.5) 称为 a 的**标准素因数分解式**.

证明是显然的, 只要将分解式 (1.4) 中相同的素数合并即可.

推论 1.42 设 $a = p_1^{\alpha_1} \cdots p_s^{\alpha_s}$, 且 $p_i (1 \leqslant i \leqslant s)$ 是互不相同的素数, 那么, d 是 a 的正因数的充要条件是

$$d = p_1^{e_1} \cdots p_s^{e_s}, \quad 0 \leqslant e_j \leqslant \alpha_j, \quad 1 \leqslant j \leqslant s.$$

推论 1.43 设

$$a = p_1^{\alpha_1} \cdots p_s^{\alpha_s},$$

$$b = p_1^{\beta_1} \cdots p_s^{\beta_s}, \quad p_1 < p_2 < \cdots < p_s.$$

这里允许某个 α_j 和 β_j 为零, 那么

$$(a, b) = p_1^{\delta_1} \cdots p_s^{\delta_s}, \quad \delta_j = \min(\alpha_j, \beta_j), \quad 1 \leqslant j \leqslant s,$$

$$[a, b] = p_1^{\gamma_1} \cdots p_s^{\gamma_s}, \quad \gamma_j = \max(\alpha_j, \beta_j), \quad 1 \leqslant j \leqslant s,$$

以及

$$(a, b)[a, b] = ab.$$

例 1.44 证明 $(a, [b, c]) = [(a, b), (a, c)]$.

证明 若 a, b, c 有一个等于 0, 等式显然成立, 故可设 a, b, c 是正整数,

$$a = p_1^{\alpha_1} \cdots p_s^{\alpha_s}, \quad b = p_1^{\beta_1} \cdots p_s^{\beta_s},$$

$$c = p_1^{\gamma_1} \cdots p_s^{\gamma_s}, \quad p_1 < p_2 < \cdots < p_s.$$

由推论 1.43 可得

$$(a, [b, c]) = p_1^{\eta_1} \cdots p_s^{\eta_s},$$

$$\eta_j = \min(\alpha_j, \max(\beta_j, \gamma_j)), \quad 1 \leqslant j \leqslant s.$$

$$[(a, b), (a, c)] = p_1^{\tau_1} \cdots p_s^{\tau_s},$$

$$\tau_j = \max(\min(\alpha_j, \beta_j), \min(\alpha_j, \gamma_j)), \quad 1 \leqslant j \leqslant s.$$

容易验证, 无论 $\alpha_j, \beta_j, \gamma_j$ 有怎样的大小关系, 总有 $\tau_j = \eta_j (1 \leqslant j \leqslant s)$ 成立. 结论成立. □

推论 1.45 设 a 是正整数, $\tau(a)$ 表示 a 的所有正除数的个数 (通常称为**除数函数**). 若 a 有标准素因数分解式 (1.5), 则

$$\tau(a) = (\alpha_1 + 1) \cdots (\alpha_s + 1) = \tau(p_1^{\alpha_1}) \cdots \tau(p_s^{\alpha_s}).$$

推论 1.46 设整数 $a \geqslant 2$.

(1) 若 a 是合数, 则必有不可约数 $p|a$, $p \leqslant a^{\frac{1}{2}}$;

(2) 若 a 有表示式 (1.4), 则必有不可约数 $p|a$, $p \leqslant a^{\frac{1}{s}}$.

注 利用推论 1.46 可以推出寻找素数的一种方法, 即 Eratosthenes 筛法. Eratosthenes 筛法用于列出所有小于或等于正整数 n 的素数. 该方法描述如下:

第一步, 从 2 开始, 按顺序列出所有小于等于 n 的正整数

$$2,3,4,5,6,7,8,9,10,11,12,13,14,15,16,17,18,19,20,21,\cdots,n.$$

从上述序列中的第一个素数 2 开始, 删除序列中所有 2 的倍数 $2m$, 其中 m 是正整数且满足 $2 < 2m \leqslant n$. 我们得到第一个序列

$$2,3,5,7,9,11,13,15,17,19,21,\cdots,n.$$

第二步, 从第二个素数 3 开始, 删除序列中所有 3 的倍数 $3m$, 且满足 $3 < 3m \leqslant n$. 得到第二个序列

$$2,3,5,7,11,13,17,19,\cdots,n.$$

以此类推, 经过有限步之后, 即可得到所有小于或等于正整数 n 的素数. 事实上, 当进行到第 i 步时, 若第 i 个素数 p 大于 $\sqrt{n}$, 则第 $i-1$ 步生成的序列即是所有小于等于 n 的素数构成的序列.

最后, 我们将给出 $n!$ 素分解的一种计算公式. 在讨论 $n!$ 的素分解之前, 首先讨论一个相关的数论函数 $[x]$.

1.5.2 $n!$的素分解

定义 1.47 设 x 是实数, $[x]$ 表示不超过 x 的最大整数, 称为 x 的整数部分, 即 $[x]$ 是一个整数且满足 $[x] \leqslant x < [x]+1$. 记 $\{x\} = x - [x]$, 称为 x 的小数部分. 显然 $0 \leqslant \{x\} < 1$. x 是整数的充要条件是 $\{x\} = 0$.

数论函数 $[x]$ 有以下性质:

定理 1.48 设 x, y 是实数. 我们有

(1) 若 $x \leqslant y$, 则 $[x] \leqslant [y]$.

(2) 若 $x = m + v, m$ 是整数, $0 \leqslant v < 1$, 则 $m = [x]$, $v = \{x\}$. 特别地, 当 $0 \leqslant x < 1$ 时, $[x] = 0, \{x\} = x$.

(3) 对任意整数 m 有 $[x+m] = [x]+m, \{x+m\} = \{x\}$. $\{x\}$ 是周期为 1 的周期函数.

(4) $[x]+[y] \leqslant [x+y] \leqslant [x]+[y]+1$, 其中等号有且仅有一个成立.

(5)

$$[-x]=\begin{cases}-[x], & x\in\mathbb{Z},\\ -[x]-1, & x\notin\mathbb{Z},\end{cases}\quad \{-x\}=\begin{cases}-\{x\}=0, & x\in\mathbb{Z},\\ 1-\{x\}, & x\notin\mathbb{Z}.\end{cases}$$

(6) 对正整数 m 有 $\left[\dfrac{[x]}{m}\right]=\left[\dfrac{x}{m}\right]$.

(7) 不小于 x 的最小整数是 $-[-x]$.

(8) 设 a 和 N 是正整数. 那么正整数 $1,2,\cdots,N$ 中被 a 整除的正整数的个数是 $[N/a]$.

证明 (1) 由 $[x]\leqslant x\leqslant y<[y]+1$ 即得.

(2) 由 $m\leqslant x<m+1$ 即得.

(3) 由 $[x]+m\leqslant x+m<([x]+m)+1$ 即得.

(4) 由 $x+y=[x]+[y]+\{x\}+\{y\}$ 及 $0\leqslant\{x\}+\{y\}<2$. 当 $0\leqslant\{x\}+\{y\}<1$ 时, 由 (2) 知 $[x+y]=[x]+[y]$; 当 $1\leqslant\{x\}+\{y\}<2$ 时, $x+y=([x]+[y]+1)+(\{x\}+\{y\}-1)$, 由 (2) 知 $[x+y]=[x]+[y]+1$.

(5) x 为整数时显然成立, x 不为整数时, $-x=-[x]-\{x\}=-[x]-1+1-\{x\}$, $0\leqslant-\{x\}+1<1$, 由 (2) 知成立.

(6) 由带余除法知, 存在整数 q,r 使得

$$[x]=qm+r,\quad 0\leqslant r<m,$$

即

$$[x]/m=q+r/m,\quad 0\leqslant r/m<1.$$

由此及 (2) 推出 $[[x]/m]=q$. 另一方面

$$x/m=[x]/m+\{x\}/m=q+(\{x\}+r)/m.$$

注意到 $0\leqslant(\{x\}+r)/m<1$, 由此及 (2) 推出 $[x/m]=q$, 所以 (6) 成立.

(7) 设不小于 x 的最小整数是 a, 即 $a-1<x\leqslant a$, 因 $-a\leqslant-x<-a+1$, 所以 $-a=[-x]$, 即 $a=-[-x]$.

(8) 被 a 整除的正整数是 $a,2a,3a,\cdots$. 设 $1,2,\cdots,N$ 中被 a 整除的正整数个数为 k, 那么必有 $ka\leqslant N<(k+1)a$, 即 $k\leqslant N/a<(k+1)$, 所以成立. □

另外我们还将引进一个符号.

定义 1.49 设 k 是非负整数, 符号 $a^k\|b$ 表示 b 恰好被 a 的 k 次方整除, 即 $a^k|b, a^{k+1}\nmid b$.

定理 1.50 设 n 是正整数, p 是素数. 再设 $\alpha=\alpha(p,n)$ 满足 $p^{\alpha}\|n!$. 那么

$$\alpha=\alpha(p,n)=\sum_{j=1}^{\infty}\left[\frac{n}{p^{j}}\right].$$

证明 定理等式实际上是有限和, 因为必存在 k, 使

$$p^{k}\leqslant n<p^{k+1},$$

所以

$$\alpha=\sum_{j=1}^{k}\left[\frac{n}{p^{j}}\right].$$

设 j 是给定的正整数, c_j 表示 $1,2,\cdots,n$ 中能被 p^j 整除的数的个数, d_j 表示 $1,2,\cdots,n$ 中恰被 p 的 j 次方整除的数的个数. 显见

$$d_j=c_j-c_{j+1}.$$

由定理 1.48(8) 知

$$d_j=[n/p^j]-[n/p^{j+1}].$$

容易看出, 当 $j>k$ 时, $d_j=0$.

下面将 $1,2,\cdots,n$ 分为两两不交的 k 个集合, 第 j 个集合由 $1,2,\cdots,n$ 中恰被 p^j 整除的数组成. 这样, 第 j 个集合的所有数的乘积恰被 p 的 $j\cdot d_j$ 次方整除, 所以

$$\alpha=1\cdot d_1+2\cdot d_2+\cdots+k\cdot d_k.$$

定理得证. □

推论 1.51 设 n 是正整数. 我们有

$$n!=\prod_{p\leqslant n}p^{\alpha(p,n)},$$

这里连乘号表示对所有不超过 n 的素数求积.

此外如果 $p_2<p_1$, 显然有 $\alpha(p_1,n)\leqslant\alpha(p_2,n)$.

例 1.52 求 80! 的十进制表示中结尾部分零的个数.

解 这就是要求整数 k 使 $10^k\|80!$, 因为 80! 的素分解中, 素数越小, 则 $\alpha=\alpha(p,n)$ 越大, 故即求 80! 中 5 的幂次.

$$\alpha=\alpha(5,80)=\sum_{j=1}^{\infty}\left[\frac{80}{5^j}\right]=\left[\frac{80}{5}\right]+\left[\frac{80}{25}\right]=19.$$

所以 80! 的十进制表示中有 19 个零.

例 1.53　设整数 $a_j > 0$, $1 \leqslant j \leqslant s, n = a_1 + a_2 + \cdots + a_s$, 证明: $n!/(a_1!a_2!\cdots a_s!)$ 是整数.

证明　由推论 1.51, 只需证明对任意素数 p 必有

$$\alpha(p,n) \geqslant \alpha(p,a_1) + \alpha(p,a_2) + \cdots + \alpha(p,a_s),$$

进而即证明, 对任意 $j \geqslant 1$,

$$\left[\frac{n}{p^j}\right] \geqslant \left[\frac{a_1}{p^j}\right] + \left[\frac{a_2}{p^j}\right] + \cdots + \left[\frac{a_s}{p^j}\right],$$

由 $n = a_1 + a_2 + \cdots + a_s$ 及定理 1.48(4) 知上式成立, 由此可推出 $n!/(a_1!a_2!\cdots a_s!)$ 是整数. □

1.6　使用 SageMath 进行整除相关的计算

SageMath 包含了一些整除相关计算的实现, 下面给出部分示例.

例 1.54　判断 a 是否整除 b 可以使用 `a.divides(b)`, `b.quo_rem(a)` 返回非零整数 a 除 b 的商和余数.

```
sage:113.divides(355)
False
sage:355.quo_rem(113)
(3, 16)
```

例 1.55　定义素数集合可以使用 `Primes()`, `unrank(k)` 返回第 k 个素数, `next(m)` 返回大于 m 的第 1 个素数, `prime_pi(x)` 返回不超过实数 x 的素数个数.

```
sage:P = Primes(); P
Set of all prime numbers: 2, 3, 5, 7, ...
sage:P.unrank(0)
2
sage:P.unrank(100)
547
sage:P.next(547)
557
```

```
sage:prime_pi(10000)
1229
```

例 1.56 利用 Euclid 算法计算整数 a, b 的最大公因子可以使用 `gcd(a,b)`, 利用扩展 Euclid 算法计算整数 a, b 的最大公因子, 并且表示为 a, b 的整系数线性组合可以使用 `xgcd(a,b)`. `lcm(a,b)` 可以计算整数 a, b 的最小公倍数.

```
sage:gcd(42823,6409)
17
sage:xgcd(42823,6409)
(17, -22, 147)
sage:-22*42823+147*6409
17
sage:lcm(42823,6409)
16144271
```

例 1.57 使用 `factor(N)` 可以给出整数 N 的素分解.

```
sage:factor(2^16+1)
65537
sage:factor(2^32+1)
641 * 6700417
```

习 题 1

1. 利用 Eratosthenes 筛法求出 200 以内的全部素数.

2. 设 a 是奇数, 证明：必有正整数 d 使 $(2^d-5, a)=1$.

3. 设 a 是正整数, $\sigma(a)$ 表示 a 的所有正除数之和. 证明：$\sigma(1)=1$, 若 a 有标准素因数分解式 $a=p_1^{\alpha_1}p_2^{\alpha_2}\cdots p_s^{\alpha_s}$, $p_1<p_2<\cdots<p_s$, 则

$$\sigma(a)=\frac{p_1^{\alpha_1+1}-1}{p_1-1}\cdots\frac{p_s^{\alpha_s+1}-1}{p_s-1}=\prod_{j=1}^{s}\frac{p_j^{\alpha_j+1}-1}{p_j-1}$$

$$=\sigma(p_1^{\alpha_1})\cdots\sigma(p_s^{\alpha_s}).$$

4. 求 198 和 252 的最大共因子, 并把它表为 198 和 252 的整系数线性组合.

5. 求最小公倍数:

(1) $[220, 284]$;

(2) $[10773, 23446]$.

6. 求 $117x_1+21x_2=38$ 的解.

7. 证明：当 $n>1$ 时, $1+1/2+\cdots+1/n$ 不是整数.

8. 证明：(1) 小于 x 的最大整数是 $-[-x]-1$.

(2) 大于 x 的最小整数是 $[x]+1$.

(3) 离 x 最近的整数是 $[x+1/2]$ 和 $-[-x+1/2]$. 当 $x+1/2$ 是整数时, 这两个不同的整数和 x 等距; 当 $x+1/2$ 不是整数时, 它们相等.

9. 进行下列进制转换:

(1) 将十进制整数 21701 写成八进制的形式;

(2) 将十进制整数 65537 写成十六进制的形式.

10. 证明：对任意正整数 a 有

$$5|a^5-a.$$

11. 设 a,b 是两个给定的整数且 $a\neq 0$, 由带余除法知, 一定存在唯一的一对整数 q 与 r, 满足

$$b=qa+r,\quad 0\leqslant r<|a|.$$

证明：$q=\left[\dfrac{b}{a}\right], r=b-a\cdot\left[\dfrac{b}{a}\right]$.

12. 证明：$13|a^2-7b^2$ 的充要条件是 $13|a, 13|b$.

13. 求 123! 的十进制表示中结尾部分零的个数.

14. 当 p 为素数时, $M_p=2^p-1$ 形式的数称为 Mersenne 数. 把这种数用二进制来表示, 利用辗转相除法 (出现的数均用二进位表示) 来直接证明：所有的 Mersenne 数两两互素.

15. 整系数多项式

$$p(x)=a_nx^n+a_{n-1}x^{n-1}+\cdots+a_0,\quad a_n\neq 0.$$

证明：必有无穷多个整数值 x, 使得 $p(x)$ 是合数.

16. 类比整数的整除理论, 可以建立系数取自域上的多项式的整除理论. 作为一个具体的例子, 下面考虑系数取自有理数域 $\mathbb{Q}$ 上的多项式的集合 $\mathbb{Q}[x]$.

(1) 任意给定多项式 $f(x),g(x)\in\mathbb{Q}[x]$, 并且 $g(x)\neq 0$, 证明存在 $q(x),r(x)\in\mathbb{Q}[x]$ 使得

$$f(x)=q(x)g(x)+r(x),$$

其中 $r(x)=0$ 或者 $\deg(r(x))<\deg(g(x))$.

(2) 令 $f_1(x)=5x^3+7x^2+3x+1$, $g_1(x)=2x^2+5x+3$, 计算 $g_1(x)$ 除 $f_1(x)$ 的商和余式.

(3) 给出两个多项式最大公因子的定义. 计算 $f_1(x),g_1(x)$ 的最大公因子.

(4) 对应于整数中的素数作用的是不可约多项式, 证明 $\mathbb{Q}[x]$ 中任意的非常数多项式是不可约多项式的乘积.

第 2 章　同　　余

本章主要描述同余理论的基本概念及基本性质. 我们除了介绍与同余相关的基本概念, 如同余、同余式、同余类、完全剩余系、既约剩余系以外, 还重点描述了几种构造完全剩余系、既约剩余系的方法. 另外, 还介绍了 Euler 定理在密码算法中的应用.

2.1　同余的基本概念和基本性质

2.1 同余的基本概念和基本性质

定义 2.1　给定正整数 m. 若 $m|a-b$, 即存在整数 k 使得 $a-b=km$, 则称 a 同余于 b 模 m, 称 b 是 a 对模 m 的剩余, 记作

$$a \equiv b \pmod{m}, \tag{2.1}$$

否则, 则称 a 不同余于 b 模 m, 或 b 不是 a 对模 m 的剩余, 记作

$$a \not\equiv b \pmod{m}.$$

关系式 (2.1) 称为模 m 的同余式, 简称同余式. 当 $0 \leqslant b < m$, 称 b 是 a 对模 m 最小非负剩余; 当 $1 \leqslant b \leqslant m$, 则称 b 是 a 对模 m 的最小正剩余; 当 $-m/2 < b \leqslant m/2$ (或 $-m/2 \leqslant b < m/2$), 则称 b 是 a 对模 m 的绝对最小剩余.

注　符号 mod 有两种常用方式: 一种是表示同余关系, 例如 $a \equiv b \pmod{m}$; 另一种是表示取 (通常是最小非负) 剩余, 例如 $a \pmod{m}$.

定理 2.2　a 同余于 b 模 m 的充要条件是 a 和 b 被 m 除后所得的最小非负余数相等, 即若

$$a = q_1 m + r_1, \quad 0 \leqslant r_1 < m;$$
$$b = q_2 m + r_2, \quad 0 \leqslant r_2 < m,$$

则 $r_1 = r_2$.

证明　由 $a-b=(q_1-q_2)m+(r_1-r_2)$, 知 $m|a-b$ 的充要条件是 $m|r_1-r_2$, 由此及 $0 \leqslant |r_1-r_2| < m$, 即得 $r_1=r_2$. □

从定理 2.2 看出, 也可以用最小非负余数相等来定义同余. 给定模 m, 根据定义立即推出同余式有以下简单的性质:

性质 1 同余是一种等价关系, 即

(1) 自反性：$a \equiv a \pmod{m}$;

(2) 对称性：$a \equiv b \pmod{m} \Leftrightarrow b \equiv a \pmod{m}$;

(3) 传递性：$a \equiv b \pmod{m}$, $b \equiv c \pmod{m} \Rightarrow a \equiv c \pmod{m}$.

性质 2 同余式可以相加减, 即若有

$$a \equiv b \pmod{m}, \quad c \equiv d \pmod{m},$$

则

$$a \pm c \equiv b \pm d \pmod{m}.$$

性质 3 同余式可以相乘, 即若

$$a \equiv b \pmod{m}, \quad c \equiv d \pmod{m},$$

则有

$$ac \equiv bd \pmod{m}.$$

根据以上性质, 我们有下面定义.

定义 2.3 设 $f(x) = a_n x^n + \cdots + a_0$, $g(x) = b_n x^n + \cdots + b_0$ 是两个整系数多项式, 满足

$$a_j \equiv b_j \pmod{m}, \quad 0 \leqslant j \leqslant n.$$

则称多项式 $f(x)$ 同余于多项式 $g(x)$ 模 m, 记作 $f(x) \equiv g(x) \pmod{m}$.

显然, 若 $a \equiv b \pmod{m}$, 则

$$f(a) \equiv g(b) \pmod{m}.$$

性质 4 设 $d \geqslant 1$, $d|m$, 若同余式 (2.1) 成立, 则

$$a \equiv b \pmod{d}.$$

性质 5 同余式

$$ca \equiv cb \pmod{m}$$

等价于

$$a \equiv b \pmod{m/(c, m)}.$$

特别地, 当 $(c, m) = 1$ 时, $a \equiv b \pmod{m}$.

证明 由同余的性质知

$$ca \equiv cb \pmod{m} \Leftrightarrow \frac{m}{(c,m)} \,\Big|\, \frac{c}{(c,m)}(a-b).$$

由 $(m/(c,m), c/(c,m)) = 1$ 可得

$$ca \equiv cb \pmod{m} \Leftrightarrow \frac{m}{(c,m)} \,\Big|\, a-b.$$

结论得证. □

从性质 5 知, 当 $(c,m)=1$ 时, 同余式两端满足消去律.

性质 6 若 $m \geqslant 1$, $(a,m)=1$, 则存在 c 使得

$$ca \equiv 1 \pmod{m}.$$

我们把 c 称为 a 对模 m 的逆, 记作 $a^{-1} \pmod{m}$.

证明 由 Euclid 算法知, 存在 x_0, y_0 使得 $ax_0 + my_0 = 1$, 取 $c = x_0$ 即满足要求. □

性质 6 提供了一种求 $a^{-1} \pmod{m}$ 有效的算法, 这是 Euclid 算法的又一重要应用. 另外一种求解模逆的有效方法是我国古代数学家发明的大衍求一术, 具体算法描述参看 10.1 节.

例 2.4 求模 $p = 11$ 的所有元的逆元.

解 由简单计算可得下表:

a	1	2	3	4	5	6	7	8	9	10
a^{-1}	1	6	4	3	9	2	8	7	5	10

性质 7 同余式组

$$a \equiv b \pmod{m_j}, \quad j = 1, 2, \cdots, k$$

同时成立的充要条件是 $a \equiv b \pmod{[m_1, \cdots, m_k]}$.

证明 由公倍数一定是最小公倍数的倍数知

$$m_j | a-b,\ j = 1, \cdots, k \Leftrightarrow [m_1, \cdots, m_k] | a-b.$$

命题成立. □

下面例子提供了一种利用同余运算判断一个数能否被 9 整除的判别法.

例 2.5　设 n 为整数, 试求出它能被 9 整除的充要条件.

解　设 $n = a_0 10^k + \cdots + a_{k-1}10 + a_k$. 因为 $10^i \equiv 1 \pmod 9, 1 \leqslant i \leqslant k$, 所以由同余性质 2 和性质 3 得

$$n \equiv a_0 + a_1 + \cdots + a_k \pmod 9.$$

故

$$9|a_0 + a_1 + \cdots + a_k \Leftrightarrow 9|n.$$

从例 2.5 同样也可以推出 n 被 3 整除的充要条件为 $3|a_0 + a_1 + \cdots + a_k$, 这就是我们早已熟知的判断整数能否被 3 整除的方法.

例 2.6　求 $6^{125} \pmod{41}$.

解　因为

$$\begin{aligned}&6^2 \equiv -5 \pmod{41}; \quad 6^4 \equiv 25 \pmod{41}; \quad 6^5 \equiv 27 \pmod{41};\\&6^{10} \equiv -9 \pmod{41}; \quad 6^{20} \equiv -1 \pmod{41}; \quad 6^{40} \equiv 1 \pmod{41}.\end{aligned}$$

从而 $6^{125} = 6^{40\times 3+5} \equiv 27 \pmod{41}$.

注　关于求模 m 的幂运算 $a^x \pmod m$ 是密码算法中的一个重要的算法, 本书第 10 章将给出详细的介绍.

2.2　剩余类与剩余系

2.2 剩余类与剩余系

同余是一个等价关系, 因此可以对整数按同余关系进行分类. 本节主要描述这种等价类有关的概念与特性.

定义 2.7　给定正整数 m, 所有对 m 同余的数组成的集合称为是模 m 的一个剩余类 (同余类), 我们以 $r \bmod m$ 表 r 所属的模 m 的剩余类. 如果 $(r, m) = 1$, 模 m 的剩余类 $r \bmod m$ 则称为模 m 的既约 (或互素) 剩余类. 模 m 的所有既约剩余类的个数记为 $\varphi(m)$, $\varphi(m)$ 通常称为 **Euler 函数**.

显然 $\varphi(m)$ 等于所有的不超过 m 的正整数中与 m 互素的整数的个数. 关于模 m 的剩余类, 有下列性质:

性质 8　给定模 m, 有且仅有 m 个不同的模 m 的剩余类, 且满足

(1) $\mathbb{Z} = \bigcup_{r=0}^{m-1} (r \bmod m)$;

(2) $(i \bmod m) \cap (j \bmod m) = \varnothing,\ 0 \leqslant i, j < m,\ i \neq j$.

性质 8 即为 1.1 节中描述的将全体整数按最小非负余数进行分类的另一种描述形式. 通常 $0 \bmod m, \cdots, (m-1) \bmod m$ 也简记：$\overline{0}, \cdots, \overline{m-1}$.

定义 2.8 模 m 的所有剩余类的集合记为 $\mathbb{Z}_m$. 在模 m 每个剩余类 $\overline{i}$ 中, 任取 $a_j \in \overline{i}$, $0 \leqslant i < m$, 称 $a_0, a_1, \cdots, a_{m-1}$ 为模 m 的一个完全剩余系, 当不会混淆时有时也简记作 $\mathbb{Z}_m$. 通常, 称 $0, 1, 2, \cdots, m-1$为模 m 最小非负 (完全) 剩余系; $1, 2, 3, \cdots, m-1, m$ 为模 m 最小正剩余系; $-\left[\dfrac{m}{2}\right], -\left[\dfrac{m}{2}\right]+1, \cdots, 0, 1, \cdots, \left[\dfrac{m}{2}\right]-1$ 或 $-\left[\dfrac{m}{2}\right]+1, -\left[\dfrac{m}{2}\right]+2, \cdots, 0, 1, \cdots, \left[\dfrac{m}{2}\right]$ 为模 m 绝对最小剩余系.

显然, 若 $a_0, a_1, \cdots, a_{m-1}$ 为一个完全剩余系, 任给 $a \in \mathbb{Z}$, 有且仅有一个 $a_i, 0 \leqslant i < m-1$ 与 a 模 m 同余.

定义 2.9 模 m 的所有既约剩余类的集合记为 $\mathbb{Z}_m^*$. 设在模 m 每个既约剩余类 $\overline{k}_j$ 中, 任取 $a_i \in \overline{k}_i$, $0 \leqslant i < \varphi(m)$, $0 \leqslant k_i < m$, $(k_i, m) = 1$, 则 $a_0, a_1, \cdots, a_{\varphi(m)-1}$ 称为模 m 的简化 (既约) 剩余系, 当不会混淆时有时也简记作 $\mathbb{Z}_m^*$.

显然, 若 $a_0, a_1, \cdots, a_{\varphi(m)-1}$ 为一个简化剩余系, 任给 $a \in \mathbb{Z}$, $(a, m) = 1$ 有且仅有一个 $a_i, 0 \leqslant i < \varphi(m)-1$ 是 a 对模 m 的剩余.

下面的定理提供了判断一个集合构成模 m 的完全剩余系或简化剩余系的一种常用的方法.

定理 2.10 (1) m 个整数组成模 m 的一个完全剩余系的充要条件是这 m 个数两两对模 m 不同余.

(2) $\varphi(m)$ 个整数组成模 m 的一个既约剩余系的充要条件是 $\varphi(m)$ 个数两两对模 m 不同余, 且这 $\varphi(m)$ 个数都与 m 互素.

证明 (1) 设 $y_0, \cdots, y_{m-1}$ 模 m 两两不同余, 则由鸽巢原理知, $y_0, \cdots, y_{m-1}$ 分别属于 m 个不同的剩余类中, 由完全剩余系的定义知, $y_0, \cdots, y_{m-1}$ 构成一个模 m 的完全剩余系.

(2) 证明与 (1) 类似. □

定理 2.11 (1) 设 a, b 是任意整数, 且 $(a, m) = 1$, 那么, x 遍历模 m 的一组完全剩余系时, $ax + b$ 也遍历模 m 的一组完全剩余系.

(2) 设 a, b 是任意整数, 且 $(a, m) = 1$, 那么, x 遍历模 m 的一组简化剩余系时, $ax + bm$ 也遍历模 m 的一组简化剩余系.

证明 (1) 假设 $x_0, x_1, \cdots, x_{m-1}$ 为模 m 的一个完全剩余系, 则 $x_0, x_1, \cdots, x_{m-1}$ 模 m 两两不同余. 由 $(a, m) = 1$ 知, 对于 $0 \leqslant i, j \leqslant m-1$, $ax_i + b \equiv ax_j + b \pmod m$ 当且仅当 $x_i \equiv x_j \pmod m$, 所以 $ax_0 + b, \cdots, ax_{m-1} + b$ 模 m 两两不同余. 再由定理 2.10 即可推出定理第一部分成立.

(2) 若 $x_0, x_1, \cdots, x_{\varphi(m)-1}$ 为模 m 简化剩余系, 则 $x_0, x_1, \cdots, x_{m-1}$ 模 m 两两不同余. 由 $(a, m) = 1$ 知 $ax_0 + bm, \cdots, ax_{m-1} + bm$ 模 m 两两不同余.

同样由定理 2.10 即可推出第二部分成立. □

定理 2.12 设 $m = m_1 m_2$, $(m_1, m_2) = 1$. 当 $x_i^{(1)} (0 \leqslant i \leqslant m_1 - 1)$ 遍历模 m_1 的完全 (既约) 剩余系, $x_j^{(2)} (0 \leqslant j \leqslant m_2 - 1)$ 遍历模 m_2 的完全 (既约) 剩余系时, $x_{ij} = m_2 x_i^{(1)} + m_1 x_j^{(2)}$ 遍历模 m 的完全 (既约) 剩余系.

证明 首先证明当 $x_i^{(1)} (0 \leqslant i \leqslant m_1 - 1), x_j^{(2)} (0 \leqslant j \leqslant m_2 - 1)$ 分别为模 m_1, m_2 的完全剩余系时, $x_{ij} = m_2 x_i^{(1)} + m_1 x_j^{(2)}, 0 \leqslant i < m_1, 0 \leqslant j < m_2$ 构成模 m 的完全剩余系.

显然 x_{ij} 共有 $m = m_1 m_2$ 个数, 因此只要证明它们两两对模 m 不同余即可. 若

$$m_2 x_{i_1}^{(1)} + m_1 x_{j_1}^{(2)} \equiv x_{i_1 j_1} \equiv x_{i_2 j_2} \equiv m_2 x_{i_2}^{(1)} + m_1 x_{j_2}^{(2)} \pmod{m_1 m_2},$$

则

$$x_{i_1 j_1} \equiv x_{i_2 j_2} \pmod{m_1}, \quad x_{i_1 j_1} \equiv x_{i_2 j_2} \pmod{m_2}.$$

从而

$$m_2 x_{i_1}^{(1)} \equiv m_2 x_{i_2}^{(1)} \pmod{m_1}, \quad m_1 x_{j_1}^{(2)} \equiv m_1 x_{j_2}^{(2)} \pmod{m_2}.$$

由 $(m_1, m_2) = 1$ 知

$$x_{i_1}^{(1)} \equiv x_{i_2}^{(1)} \pmod{m_1}, \quad x_{j_1}^{(2)} \equiv x_{j_2}^{(2)} \pmod{m_2}.$$

这就证明了 $m_1 m_2$ 个 x_{ij} 两两不同余, 是模 m 的完全剩余系.

下面证明 $x_i^{(1)}, x_j^{(2)}$ 分别遍历 m_1, m_2 的既约剩余系时, x_{ij} 是模 m 的既约剩余系.

由以上证明知 x_{ij} 两两不同余. 只要证明

$$(x_{ij}, m) = 1 \text{ 当且仅当 } (x_i^{(1)}, m_1) = (x_j^{(2)}, m_2) = 1.$$

由于

$$(m_1, m_2) = 1,$$

所以 $(x_{ij},m)=1$ 当且仅当

$$(m_2x_i^{(1)}+m_1x_j^{(2)},m_1)=1,\quad (m_2x_i^{(1)}+m_1x_j^{(2)},m_2)=1,$$

当且仅当

$$(x_i^{(1)},m_1)=(x_j^{(2)},m_2)=1.$$

定理得证. □

容易证明, 定理 2.11、定理 2.12 的条件为充要条件.

定理 2.13 设 $m=m_1\cdots m_k$, 且 $m_1,\cdots,m_k$ 两两既约. 再设 $m=m_jM_j$, $1\leqslant j\leqslant k$ 及

$$x=M_1x^{(1)}+\cdots+M_kx^{(k)}, \tag{2.2}$$

那么 x 遍历模 m 的完全 (既约) 剩余系的充要条件是 $x^{(1)},\cdots,x^{(k)}$ 分别遍历 $m_1,\cdots,m_k$ 的完全 (既约) 剩余系.

证明 当 $k=2$ 时, 由定理 2.12 知结论成立. 设 $k=n$ $(n\geqslant 2)$ 时, 定理成立. 当 $k=n+1$ 时, $m=m_1\cdots m_nm_{n+1}$, 设 x 由式 (2.2) 给出,

$$\overline{x}^{(n)}=\frac{m}{m_1m_{n+1}}x^{(1)}+\cdots+\frac{m}{m_nm_{n+1}}x^{(n)},$$

由定理 2.12 得

$$x=m_{n+1}\bar{x}^{(n)}+\frac{m}{m_{n+1}}x^{(n+1)}.$$

由以上两式就推出所要的结论. □

下面我们描述构造完全剩余系与既约剩余系的另外一种特别的方法.

定理 2.14 设 $m=m_1m_2$, $x_i^{(1)}$, $1\leqslant i\leqslant m_1$ 是模 m_1 的完全剩余系, $x_j^{(2)},1\leqslant i\leqslant m_2$ 是模 m_2 的完全剩余系, 那么, $x_{ij}=x_i^{(1)}+m_1x_j^{(2)}$ 是模 m 的完全剩余系.

一般地, 若 $m=m_1\cdots m_k$, $x=x^{(1)}+m_1x^{(2)}+\cdots+m_1m_2\cdots m_{k-1}x^{(k)}$, 那么当 $x^{(1)},\cdots,x^{(k)}$ 分别遍历 $m_1,\cdots,m_k$ 的完全剩余系时, x 遍历模 m 的完全剩余系.

证明 我们先证明 $k=2$ 时, 定理成立. 此时, x_{ij} 共有 $m=m_1m_2$ 个, 因此只需证明它们两两不同余即可. 若

$$x_{i_1}^{(1)}+m_1x_{j_1}^{(2)}\equiv x_{i_1j_1}\equiv x_{i_2j_2}\equiv x_{i_2}^{(1)}+m_1x_{j_2}^{(2)}\pmod{m_1m_2},$$

则必有 $x_{i_1}^{(1)} \equiv x_{i_2}^{(1)} \pmod{m_1}$, 因为 $x_{i_1}^{(1)}, x_{i_2}^{(1)}$ 在同一个模 m_1 的完全剩余系中取值, 所以 $x_{i_1}^{(1)} = x_{i_2}^{(1)}$, 再由上式得 $m_1 x_{j_1}^{(2)} \equiv m_1 x_{j_2}^{(2)} \pmod{m_1 m_2}$, 即 $x_{j_1}^{(2)} \equiv x_{j_2}^{(2)} \pmod{m_2}$, 同理有 $x_{j_1}^{(2)} = x_{j_2}^{(2)}$, 这就证明了定理前半部分.

假设 $k = n(n \geqslant 2)$ 时, 定理成立, 当 $k = n+1$ 时, $m = m_1 \cdots m_n m_{n+1}$,

$$\bar{x}^{(n)} = x^{(1)} + m_1 x^{(2)} + \cdots + m_1 m_2 \cdots m_{n-1} x^{(n)},$$

由前半部分证明知

$$x = \bar{x}^{(n)} + m_1 \cdots m_{n-1} m_n x^{(n+1)}.$$

由以上两式就得到所要结论. □

注 定理 2.14 仅是一个充分条件, 不一定是必要条件.

定理 2.11—定理 2.13 表明大模的完全 (简化) 剩余系, 可以某种形式表为两个较小的模的完全剩余系的组合. 实际上, 大模的完全 (简化) 剩余系的构造可进一步通过模的素分解及模的素数幂的原根来构造.

最后, 我们讨论模的剩余系与其因子的剩余系之间的关系.

定理 2.15 设 $m_1 | m$. 那么对任意的 r 有

$$r \bmod m \subseteq r \bmod m_1,$$

等号仅当 $m_1 = m$ 时成立. 若 $l_0, \cdots, l_{d-1}$ 是模 $d = m/m_1$ 的一组完全剩余系, 则

$$r \bmod m_1 = \bigcup_{0 \leqslant j \leqslant d-1} (r + l_j m_1) \bmod m. \tag{2.3}$$

右边和式中的 d 个模 m 的同余类两两不同. 特别地有

$$r \bmod m_1 = \bigcup_{0 \leqslant j \leqslant d-1} (r + j m_1) \bmod m.$$

证明 我们把剩余类 $r \bmod m_1$ 中的数按模 m 来分类. 对 $r \bmod m_1$ 中任意两个数 $r + k_1 m_1, r + k_2 m_1$, 同余式

$$r + k_1 m_1 \equiv r + k_2 m_1 \pmod{m}$$

成立的充要条件是

$$k_1 \equiv k_2 \pmod{d}.$$

由此就推出式 (2.3) 左边和右边中的 d 个模 m 的同余类两两不相交, 且 $r \bmod m_1$ 中的任一数 $r + k m_1$ 必属于其中的一个同余类. 另一方面, 对任意的 j 必有

$$(r + l_j m_1) \bmod m \subseteq (r + l_j m_1) \bmod m_1 = r \bmod m_1.$$

定理得证. □

例 2.16 模 $m = 5 \times 7$, 构造模 m 的既约剩余系和完全剩余系.

解 令 $m_1 = 5, m_2 = 7, (5,7) = 1$, 则 $M_1 = 7, M_2 = 5$, 当 $x^{(1)}, x^{(2)}$ 分别遍历 5 和 7 的完全 (既约) 剩余系时,

$$x = M_1 x^{(1)} + M_2 x^{(2)} = 7x^{(1)} + 5x^{(2)}$$

遍历 35 的完全 (既约) 剩余系. 下表展示了模 35 的完全剩余系, 其中除去下划线所标识的元素后, 剩下的元素构成模 35 的既约剩余系.

$x^{(1)}$ \ $x^{(2)}$	-3	-2	-1	0	1	2	3
-2	-29	-24	-19	$\underline{-14}$	-9	-4	1
-1	-22	-17	-12	$\underline{-7}$	-2	3	8
0	$\underline{-15}$	$\underline{-10}$	$\underline{-5}$	$\underline{0}$	$\underline{5}$	$\underline{10}$	$\underline{15}$
1	-8	-3	2	$\underline{7}$	12	17	22
2	-1	4	9	$\underline{14}$	19	24	29

例 2.17 证明：如果 $n \geqslant 1$, 则

$$\sum_{d|n} \varphi(d) = n.$$

证明 我们将集合 $S = \{1, 2, \cdots, n\}$ 按如下方式分类：

$$S = \bigcup_{d} S_d, \quad S_d = \{m | (m,n) = d\}.$$

我们有

$$m \in S_d \Leftrightarrow (m,n) = d \Leftrightarrow (m/d, n/d) = 1.$$

易知小于 n/d 且与之互素的 m/d 的个数为 $\varphi(n/d)$, 又因为当 d 确定时, m/d 与 m 一一对应, 所以集合 S_d 中元素的个数等于 $\varphi(n/d)$. 于是

$$n = \sum_{d|n} \varphi(n/d) = \sum_{d|n} \varphi(d).$$

命题得证. □

2.3 Euler 定理

2.3 Euler定理

Euler 函数在数论中占有很重要的地位, 下面我们利用同余理论给出 Euler 函数的一个性质及其在已知素分解的情况下的求值公式.

定理 2.18　(1) 设 p 是素数, $k \geqslant 1$, 那么

$$\varphi(p^k) = p^{k-1}(p-1).$$

(2) 设 $m = m_1 m_2$, 且 $(m_1, m_2) = 1$, 则 $\varphi(m) = \varphi(m_1)\varphi(m_2)$.

(3) 设 $m = p_1^{\alpha_1} \cdots p_r^{\alpha_r}$, 其中 $p_1, \cdots, p_r$ 为不同的素因子, 则

$$\varphi(m) = p_1^{\alpha_1 - 1}(p_1 - 1) \cdots p_r^{\alpha_r - 1}(p_r - 1) = m \prod_{p|m} \left(1 - \frac{1}{p}\right).$$

证明　(1) $\varphi(p^k)$ 等于满足以下条件的 r 的个数：$(r, p^k) = 1, 1 \leqslant r \leqslant p^k$. 因为 p 是素数, 所以

$$(r, p^k) = 1 \Leftrightarrow (r, p) = 1,$$

即 r 为 p^k 中不能被 p 整除的数, $1, 2, \cdots, p^k$ 中能被 p 整除的数可表示为 np, $n = 1, 2, \cdots, p^{k-1}$ 共 p^{k-1} 个, 故 $\varphi(p^k) = p^k - p^{k-1} = p^{k-1}(p-1)$.

(2) 由定理 2.12 即得 (2).

(3) 由 (2) 进一步推出若 $m = m_1 m_2 \cdots m_r$, $m_1, m_2, \cdots, m_r$ 两两既约, 则

$$\varphi(m) = \varphi(m_1)\varphi(m_2 \cdots m_r) = \varphi(m_1)\varphi(m_2) \cdots \varphi(m_r).$$

特别地, 若 $m > 1, m = p_1^{\alpha_1} \cdots p_r^{\alpha_r}$, 那么

$$\varphi(m) = p_1^{\alpha_1 - 1}(p_1 - 1) \cdots p_r^{\alpha_r - 1}(p_r - 1) = m \prod_{p|m} \left(1 - \frac{1}{p}\right).$$

定理得证. □

注　由定理 2.18 可知, 除了 $\varphi(1) = \varphi(2) = 1$, 对 $m \geqslant 3$ 必有 $2|\varphi(m)$.

推论 2.19　给定模 $p^k, (a + bp), 1 \leqslant a \leqslant p - 1, 0 \leqslant b \leqslant p^{k-1} - 1$ 为模 p^k 的既约剩余系.

证明　由定理 2.14 知

$$r = a + bp, \quad 1 \leqslant a \leqslant p - 1, \quad 0 \leqslant b \leqslant p^{k-1} - 1$$

遍历模 p^k 的既约剩余系. □

模 m 的既约剩余系可以取种种不同的形式, 但不难看出每个既约剩余系中所有数的乘积模 m 是不变的, 即若 $\{r_0, \cdots, r_{\varphi(m)-1}\}, \{r'_0, \cdots, r'_{\varphi(m)-1}\}$ 是模 m 的

两个既约剩余系, 那么必有

$$\prod_{j=1}^{\varphi(m)} r_j \equiv \prod_{j=1}^{\varphi(m)} r_j' \pmod m.$$

由此就可得到下面著名的 **Euler 定理**.

定理 2.20 (Euler 定理) 设 $(a,m)=1$, 则有

$$a^{\varphi(m)} \equiv 1 \pmod m.$$

证明 取 $r_0,\cdots,r_{\varphi(m)-1}$ 是模 m 的一组既约剩余系, 由定理 2.11 知, 当 $(a,m)=1$ 时, $ar_0,\cdots,ar_{\varphi(m)-1}$ 也是模 m 的既约剩余系, 因此

$$\prod_{j=0}^{\varphi(m)-1} r_j \equiv \prod_{j=0}^{\varphi(m)-1} (ar_j) \equiv a^{\varphi(m)} \prod_{j=0}^{\varphi(m)-1} r_j \pmod m,$$

由于 $(r_j,m)=1, j=0,\cdots,\varphi(m)-1$, 所以

$$a^{\varphi(m)} \equiv 1 \pmod m.$$

定理得证. □

特别地当 p 为素数时, $\varphi(p)=p-1$, 对任意的 $a,(a,p)=1$ 有

$$a^{p-1} \equiv 1 \pmod p.$$

通常把上式称为 **Fermat 小定理**.

注 (1) 在 Euler 定理中取 $a=-1$, 得 $(-1)^{\varphi(m)}-1\equiv 0 \pmod m$, 同样可推出当 $m\geqslant 3$ 时, 必有 $2|\varphi(m)$.

(2) Euler 定理给出了一种理论上计算 a 对模 m 的逆 $a^{-1} \pmod m$ 的很方便的方法, 即当 $(a,m)=1$ 时,

$$a^{-1} \equiv a^{\varphi(m)-1} \pmod m.$$

但从计算复杂性的角度来看, 上述方法对于多数的模 m 不是有效的, 因为在实际计算中, 要利用上式计算 $a^{-1} \pmod m$ 需要首先计算 $\varphi(m)$, 而对于一般的 m, 到现在为止还没有有效的方法计算 $\varphi(m)$.

例 2.21 计算 7^{10001} 的十进制表示中的个位数.

解 我们要求 7^{10001} (mod 10). 因为

$$\varphi(10) = \varphi(2) \cdot \varphi(5) = 4,$$

又 $(7, 10) = 1$, 根据 Euler 定理得

$$7^{10001} = 7^{4*2500+1} \equiv 7 \pmod{10}.$$

即 7^{10001} 的十进制表示中的个位数为 7.

2.4 Wilson 定理

2.4 Wilson定理

本节我们介绍一个关于模 m 的既约剩余系乘积的重要定理——**Wilson 定理**.

定理 2.22 (Wilson 定理) 设 p 是素数, $r_1, \cdots, r_{p-1}$ 是模 p 的既约剩余系, 则

$$\prod_{r \bmod p} r \equiv r_1 \cdots r_{p-1} \equiv -1 \pmod{p}.$$

特别地有

$$(p-1)! \equiv -1 \pmod{p}.$$

证明 当 $p = 2$ 时结论显然成立. 设 $p \geqslant 3$, 对于每个 r_i, $0 < i < p$, 必有唯一的一个 r_j 使得

$$r_i r_j \equiv 1 \pmod{p}. \tag{2.4}$$

如果 $r_i r_j \equiv 1 \pmod{p}$, 那么

$$r_i = r_j \Leftrightarrow r_i^2 \equiv 1 \pmod{p}.$$

即

$$(r_i - 1)(r_i + 1) \equiv 0 \pmod{p}.$$

由于 p 是素数且 $p \geqslant 3$, 所以上式成立当且仅当

$$r_i - 1 \equiv 0 \pmod{p} \text{ 或 } r_i + 1 \equiv 0 \pmod{p}.$$

由于素数 $p \geqslant 3$, 所以, 这两式不能同时成立. 因此, 在这组模 p 的既约剩余系中, 除了 $r_i \equiv 1, -1 \pmod{p}$ 外对其他的 r_i 必有 $r_i \neq r_j$ 使式 (2.4) 成立. 不妨

设 $r_1 \equiv 1 \pmod p, r_{p-1} \equiv -1 \pmod p$. 这样, 在这组模 p 的既约剩余系中除去 r_1, r_{p-1} 的两个数之外, 其他的数恰好可按关系式 (2.4) 两两分完, 即有

$$r_2 \cdots r_{p-2} \equiv 1 \pmod p.$$

由此就推出定理第一部分成立. $1, 2, \cdots, p-1$ 是模 p 的既约剩余系, 所以定理的第二部分成立. □

对于模 p^l 的剩余系有下面相同的结果.

定理 2.23 设素数 $p \geqslant 3, c = \varphi(p^l), l \geqslant 1$ 以及 $r_1, r_2, \cdots, r_c$ 是模 p^l 的一组既约剩余系. 我们有

$$r_1 r_2 \cdots r_c \equiv -1 \pmod{p^l}.$$

特别地有

$$\prod_{r=1}^{p-1} \prod_{s=0}^{p^{l-1}-1} (r + ps) \equiv -1 \pmod{p^l}.$$

在定理 2.18 的符号和条件下, 我们有

$$c = \varphi(p^l) = \varphi(2p^l).$$

取

$$r_j' = \begin{cases} r_j, & \text{当 } r_j \text{ 不是偶数}, \\ r_j + p^l, & \text{当 } 2 | r_j. \end{cases}$$

显见, $r_j'(1 \leqslant j \leqslant c)$ 仍是模 p^l 的一组既约剩余系, 且都是奇数. 因此它也是模 $2p^l$ 的一组既约剩余系, 且有

$$r_1' \cdots r_c' \equiv -1 \pmod{2p^l}.$$

所以我们有下面结论.

定理 2.24 设素数 $p \geqslant 3$, $l \geqslant 1, c = \varphi(2p^l)$, 且 $r_1, r_2, \cdots, r_c$ 是模 $2p^l$ 的一组既约剩余系. 我们有

$$r_1 r_2 \cdots r_c \equiv -1 \pmod{2p^l}.$$

定理 2.25 设 $c = \varphi(2^l) = 2^{l-1}$, $l \geqslant 1$, 且 $r_1, \cdots, r_c$ 是模 2^l 的既约剩余系. 我们有

$$r_1 \cdots r_c = \begin{cases} -1 \pmod{2^l}, & l = 1, 2, \\ 1 \pmod{2^l}, & l \geqslant 3. \end{cases}$$

证明　$l=1,2$ 时结论可直接验证. 现设 $l\geqslant 3$. 对每个 r_i 必有唯一的 r_j 使

$$r_ir_j\equiv 1 \pmod{2^l}. \tag{2.5}$$

式 (2.5) 中使 $r_i=r_j$ 的充要条件是 $r_i^2\equiv 1 \pmod{2^l}$, 即

$$(r_i-1)(r_i+1)\equiv 0 \pmod{2^l}.$$

注意到 $(r_i,2)=1$, 上式即

$$\frac{r_i-1}{2}\cdot\frac{r_i+1}{2}\equiv 0 \pmod{2^{l-2}}.$$

注意到

$$\left(\frac{r_i-1}{2},\frac{r_i+1}{2}\right)=1,$$

就推出 $r_i=r_j$ 的充要条件是

$$\frac{r_i-1}{2}\equiv 0 \pmod{2^{l-2}} \quad 或 \quad \frac{r_i+1}{2}\equiv 0 \pmod{2^{l-2}},$$

即

$$r_i\equiv 1 \pmod{2^{l-1}} \quad 或 \quad r_i\equiv -1 \pmod{2^{l-1}}.$$

因此, 在这个模 2^l 的既约剩余系中仅当

$$r_i\equiv 1,2^{l-1}+1,2^{l-1}-1, \quad 或 \quad 2^l-1 \pmod{2^l}$$

时, 有 $r_i=r_j$. 这样, 对模 2^l 的既约剩余系中的每个 r_i 除去这四个数 (这四个数两两对模 2^l 不同余) 外必有 $r_j\neq r_i$. 所以除了这四个数外, 既约剩余系中的 $c-4$ 个数可按关系式 (2.5) 两两分完, 即这 $c-4$ 个数的乘积对模 2^l 同余于 1. 由此及上式就证明了定理成立. □

总结以上讨论, 我们证明了当 $m=2,4,p^l,2p^l$(p 为奇素数) 时, 模 m 的一组既约剩余系的乘积同余 -1 模 m. 可以证明在其他情形必同余于 1 模 m. Wilson 定理在有些情形下可以简化运算.

例 2.26　设 p 为素数, $1\leqslant n\leqslant p-1$. 证明:

$$(-1)^n n!(p-n-1)!\equiv -1 \pmod{p}.$$

证明 由 Wilson 定理得

$$(p-1)(p-2)\cdots(p-n)(p-n-1)! \equiv -1 \pmod{p},$$

展开得

$$[p^n-(1+2+\cdots+n)p^{n-1}+\cdots+(-1)^n n!](p-n-1)! \equiv -1 \pmod{p}.$$

根据同余的性质即得

$$(-1)^n n!(p-n-1)! \equiv -1 \pmod{p}.$$

命题得证. □

2.5 使用 SageMath 进行同余相关的计算

SageMath 包含了一些同余相关计算的实现, 下面给出部分示例.

例 2.27 使用 `mod(a,m)` 可以给出整数 a 对模 m 的最小非负剩余, `inverse_mod(a,m)` 可以计算 $a^{-1} \pmod{m}$, `pow(a,x,m)` 可以计算 $a^x \pmod{m}$.

```
sage:mod(355,113)
16
sage:inverse_mod(7,11)
8
sage:pow(6,125,41)
27
```

例 2.28 使用 `Integers(m)` 或者 `Zmod(m)` 可以定义模 m 下的同余运算.

```
sage:R = Zmod(12)
sage:list(R)
[0, 1, 2, 3, 4, 5, 6, 7, 8, 9, 10, 11]
sage:a = R(5); b = R(7)
sage:a+b
0
sage:a^(-1)
5
```

例 2.29 使用 `euler_phi(n)` 可以计算 $\varphi(n)$, `n.factorial()` 可以计算 $n!$, 可以计算实例验证 Euler 定理和 Wilson 定理.

```
sage:euler_phi(12)
4
sage:euler_phi(17)
16
sage:euler_phi(12*17)
64
sage:pow(5,4,12)
1
sage:mod(16.factorial(),17)
16
```

习 题 2

1. 求 (1) $2^{143}\ (\mathrm{mod}\ 13)$; (2) $5^{141}\ (\mathrm{mod}\ 47)$.

2. 判断以下结论是否成立, 说明理由:

(1) 若 $a^3 \equiv b^3 \pmod{m}$ 成立, 则 $a \equiv b \pmod{m}$.

(2) 若 $a \equiv b \pmod{m}$ 成立, 则 $a^3 \equiv b^3 \pmod{m}$.

(3) 若 $ac \equiv bc \pmod{m}$ 成立, 则 $a \equiv b \pmod{m}$.

(4) 若 $a_1 \equiv a_2 \pmod{m}, b_1 \equiv b_2 \pmod{m}$ 成立, 则 $(a_1)^{b_1} \equiv (a_2)^{b_2} \pmod{m}$.

3. 分别求模 $m = 7, 13$ 的所有元素的逆.

4. 设正整数 a, b 满足 $\gcd(a, b) = 1$. 则有正整数 u, v 满足 $0 < u < b, 0 < v < a$ 且使

$$ua \equiv 1 \pmod{b}, \quad vb \equiv 1 \pmod{a}.$$

证明下面的秦九韶等式

$$ua + vb = ab + 1.$$

5. 证明: 对任意整数 n, 以下同余式中至少有一个成立.

$n \equiv 0 \pmod{2}$, $n \equiv 0 \pmod{3}$, $n \equiv 1 \pmod{4}$,

$n \equiv 3 \pmod{8}$, $n \equiv 7 \pmod{12}$, $n \equiv 23 \pmod{24}$.

6. 证明: 当 $m > 2$ 时, $0^2, 1^2, \cdots, (m-1)^2$ 一定不是模 m 的完全剩余系.

7. 设 n, h 是正整数, 证明: 在不超过 nh 的正整数中, 和 n 既约的数的个数等于 $h\varphi(n)$.

8. 设 $m = m_1 m_2 \cdots m_k, m_1, m_2, \cdots, m_k$ 两两既约, $(m, a_i) = 1$. 证明: 当 $x^{(i)}$ 分别遍历 m_i 的完全 (既约) 剩余系时,

$$x = (M_1 a_1 x^{(1)} + M_2 + \cdots + M_k)(M_1 + M_2 a_2 x^{(2)} + \cdots + M_k) \cdots (M_1 + M_2 + \cdots + M_k a_k x^{(k)})$$

遍历 $m = m_1 m_2 \cdots m_k$ 的既约剩余系, 其中 $m = M_i m_i, 1 \leqslant i \leqslant k$.

9. 模 $m = 7 \times 11$, 构造模 m 的既约剩余系和完全剩余系.

10. 设 n 为整数, 求出它能被 11 整除的充要条件.

11. 设素数 p 为奇数, 证明:

(1) 当 $p = 4m + 3$ 时, 对任意整数 a 均有 $a^2 \not\equiv -1 \pmod{p}$;

(2) 当 $p=4m+1$ 时, 必有整数 a 满足 $a^2\equiv -1 \pmod p$.

12. 设 m,n 为互素的正整数, 证明：

$$m^{\varphi(n)}+n^{\varphi(m)}\equiv 1 \pmod{mn}.$$

13. 设 p 为奇素数, 证明：

$$(p-1)!\equiv p-1 \left(\bmod \frac{p(p-1)}{2}\right).$$

14. 证明: 不存在 $x,y\in\mathbb{Z}$ 使方程 $y^2=x^3+7$ 成立.

第 3 章　同 余 方 程

本章重点介绍一次同余方程及一次同余方程组的解的情况及具体求解的方法. 对于一次同余方程组, 我们主要介绍了著名的孙子定理的求解方法. 而对于一般的同余方程, 我们介绍了一般的求解过程. 对于二次同余方程, 我们考虑素数模的情况, 通常称为素数模的二次剩余问题. 最后我们介绍了一个与二次剩余有关的数论函数 Legendre 符号, 从而定义了更为一般的数论函数 Jacobi 符号.

本章的内容不仅在初等数论中构成了同余理论的核心内容, 而且也是公钥密码学的最重要基础理论, 同余方程求解方法在许多密码算法的设计与分析中有重要的应用, 如求解一次同余方程是许多密码算法加、解密甚至破译的最基本的运算内容之一; 孙子定理不仅在多种密码算法快速实现中起重要的作用, 而且可直接应用于设计具有特殊形式的密码算法; 二次剩余、Jacobi 符号可以用于素检测与设计伪随机生成器等.

3.1　一元高次同余方程的概念

3.1 一元高次同余方程的概念

本节主要介绍了一般的同余方程及其相关的概念, 并简单介绍了同余方程的简化形式. 如果不加特别说明, 同余方程一般指一元同余方程.

定义 3.1　设 $f(x)$ 为整系数多项式

$$f(x) = a_n x^n + \cdots + a_1 x + a_0,$$

则含有变量的同余式

$$f(x) \equiv 0 \pmod{m} \tag{3.1}$$

叫做模 m 的同余方程. 若整数 c 满足

$$f(c) \equiv 0 \pmod{m},$$

则 c 叫做同余方程 $f(x) \equiv 0 \pmod{m}$ 的解.

显然, 若 c 是同余方程 $f(x) \equiv 0 \pmod{m}$ 的解, 则同余类 $c \bmod m$ 中任意整数都是该同余方程的解, 我们把同余类 $c \bmod m$ 称为同余方程 $f(x) \equiv 0 \pmod{m}$ 的一个解, 记为

$$x \equiv c \pmod{m}.$$

所有模 m 两两不同余的解的个数, 称为**同余方程** $f(x) \equiv 0 \pmod{m}$ **的解数**.

定义 3.2 若 $m \nmid a_n$, 则同余方程 (3.1) 的次数为 n; 若 $m \mid a_j, k+1 \leqslant j \leqslant n$, 且 $m \nmid a_k$, 则同余方程的次数为 k.

从定义 3.2 知, 同余方程 (3.1) 的次数不一定等于多项式 $f(x)$ 的次数. 显然, 对于模 m 的同余方程的解的个数最多有 m 个, 我们可以通过验证模 m 的一组完全剩余系来解同余方程, 也可通过恒等变形来化简同余方程. 主要的几种恒等变形如下:

性质 1 若 $f(x) \equiv g(x) \pmod{m}$, 则同余方程 $f(x) \equiv 0 \pmod{m}$ 与同余方程 $g(x) \equiv 0 \pmod{m}$ 的解相同且解数也相同.

性质 2 如果

$$f(x) = q(x)h(x) + r(x),$$

且同余方程 $h(x) \equiv 0 \pmod{m}$ 为恒等同余式, 即方程的解数为 m, 则同余方程 (3.1) 与同余方程

$$r(x) \equiv 0 \pmod{m}$$

解与解数相同.

利用恒等同余式降低同余方程的次数, 关键是找模 m 的恒等同余式. 如果 m 为素数 p, 利用 Fermat-Euler 定理, 易知

$$h(x) = x^p - x \equiv 0 \pmod{p}$$

为恒等同余式.

性质 3 设 $(a, m) = 1$, 同余方程

$$f(x) \equiv 0 \pmod{m}$$

和同余方程

$$af(x) \equiv 0 \pmod{m}$$

等价.

特别地, 如果 $(a_n, m) = 1$, 则同余方程 (3.1) 可以化为首系为 1 的同余方程

$$(a_n)^{-1} f(x) \equiv 0 \pmod{m}.$$

当同余方程的模数为素数时, 同余方程解的个数满足下面的结论.

定理 3.3　若 p 为素数, 同余方程 $f(x) \equiv 0 \pmod p$ 的次数为 k, 解的个数为 T, 则

$$T \leqslant \min(p, k).$$

证明　已知 $T \leqslant p$. 下面用归纳法证明 $T \leqslant k$. 当 $k = 1$ 时结论成立. 假设当 $k \leqslant n-1$ 时结论成立, 下面考虑 $k = n$ 的情况. 如果 $f(x)$ 没有解, 结论成立; 如果 a 是一个解, $f(x) \equiv q(x)(x-a) + r \pmod p$, 代入 $x \equiv a \pmod p$ 得到 $r \equiv 0 \pmod p$, 从而 $f(x) \equiv q(x)(x-a) \pmod p$, 并且 $q(x)$ 的次数为 $n-1$, 根据归纳假设结论得证. □

根据同余的性质, 可得到一个同余方程有解的必要条件:

定理 3.4　若整数 $d|m$, 那么同余方程 $f(x) \equiv 0 \pmod m$ 有解的必要条件为

$$f(x) \equiv 0 \pmod d$$

有解.

这个定理可以用来判定一个方程无解.

例 3.5　求解同余方程 $f(x) = 4x^2 - 27x - 9 \equiv 0 \pmod{15}$.

解　15 的素因子只有 3, 5, 但只有 $f(3) \equiv 0 \pmod 3$, 而 $f(1), f(2), f(3), f(4), f(5) \not\equiv 0 \pmod 5$, 从而此同余方程无解.

例 3.6　求解同余方程 $5x^3 - 3x^2 + 3x - 1 \equiv 0 \pmod{11}$.

解　取模 11 的绝对最小完全剩余系：$-5, -4, -3, -2, -1, 0, 1, 2, 3, 4, 5$, 直接计算知 $x = 2$ 是解. 所以这个同余方程的解是 $x \equiv 2 \pmod{11}$.

例 3.7　求解同余方程

$$3x^{15} - x^{13} - x^{12} + x^{11} - 3x^5 + 6x^3 - 2x^2 + 2x - 1 \equiv 0 \pmod{11}.$$

解　利用恒等同余式 $x^{11} \equiv x \pmod{11}$, 由多项式除法得

$$\begin{aligned}&3x^{15} - x^{13} - x^{12} + x^{11} - 3x^5 + 6x^3 - 2x^2 + 2x - 1\\ \equiv\,&(x^{11} - x)(3x^4 - x^2 - x + 1) + 5x^3 - 3x^2 + 3x - 1 \pmod{11},\end{aligned}$$

所以原同余方程与同余方程 $5x^3 - 3x^2 + 3x - 1 \equiv 0 \pmod{11}$ 同解, 由例 3.6 可知同余方程的解为 $x \equiv 2 \pmod{11}$.

3.2 一次同余方程

3.1 节简单介绍了一般的同余方程, 这节主要讨论下面形式的一次同余方程

$$ax \equiv b \pmod{m} \tag{3.2}$$

解的情况及求解方法.

3.2 一次同余方程

定理 3.8 若 $(a,m)=1$, 则同余方程 $ax \equiv b \pmod{m}$ 有且仅有一个解.

证明 当 $(a,m)=1$ 时, 存在 a^{-1}, 使 $aa^{-1} \equiv 1 \pmod{m}$. 所以 $x \equiv a^{-1}b \pmod{m}$ 满足方程. 若该方程存在另外一个解 $x' \pmod{m}$, 那么, $ax \equiv ax' \pmod{m}$, 因为 $(a,m)=1$, 所以 $x \equiv x' \pmod{m}$. □

由 Euler 定理知, 若 $(a,m)=1$, $a^{-1}=a^{\phi(m)-1} \pmod{m}$, 则同余方程 (3.2) 的唯一解为 $x=a^{\phi(m)-1}b \pmod{m}$. 实际上, 利用通过 Euclid 算法求 a^{-1}, 然后求解方程 (3.2) 的解是较有效的方法.

定理 3.9 同余方程 (3.2) 有解的充要条件是 $(a,m)|b$. 在有解时, 解数等于 (a,m). 若 x_0 是它的一个解, 则它的 (a,m) 个解是

$$x \equiv x_0 + \frac{m}{(a,m)}t \pmod{m}, \quad t=0,1,\cdots,(a,m)-1.$$

证明 必要性: 一次同余方程 (3.2) 有解, 则存在 x_1, y_1 使得 $ax_1 = b + my_1$, 所以 $(a,m)|b$.

充分性: 设 $d=(a,m)$, 若 $(a,m)\mid b$ 成立, 由第 2 章性质 5 知, 同余式 $ax \equiv b \pmod{m}$ 成立当且仅当 $\frac{a}{d}x \equiv \frac{b}{d}\left(\bmod \frac{m}{d}\right)$ 成立. 由于 $\left(\frac{a}{d}, \frac{m}{d}\right)=1$, 则

$$\frac{a}{d}x \equiv \frac{b}{d}\left(\bmod \frac{m}{d}\right) \tag{3.3}$$

有解, 从而 $ax \equiv b \pmod{m}$ 有解. 充分性得证.

若 x_0 是 (3.2) 的一个特解, x 为 (3.2) 的任意解, 则 $x_0 \bmod \frac{m}{d}, x \bmod \frac{m}{d}$ 均是 (3.3) 的唯一解, 所以 $x \equiv x_0 \left(\bmod \frac{m}{d}\right)$. 反之, 对任意的 $x \in \mathbb{Z}$, 若 $x \equiv x_0 \left(\bmod \frac{m}{d}\right)$, 则 x 为 (3.3) 的解. 所以, 同余方程 (3.2) 的所有解为

$$x_0 + \frac{m}{d}t \bmod m, \quad t=0,\cdots,d-1.$$

定理得证. □

上面从理论上给出了同余方程 $ax \equiv b \pmod{m}$ 的解与解数, 下面我们给出同余方程 $ax \equiv b \pmod{m}$ 的求解步骤:

(1) 通过恒等变形将其变为: $a'x \equiv b' \pmod{m}$, 其中 $-m/2 < a' \leqslant m/2$, $-m/2 < b' \leqslant m/2$.

(2) 同余方程 $a'x \equiv b' \pmod{m}$ 与不定方程 $a'x = my + b'$ 同时有解或无解, 所以与 $my \equiv -b' \pmod{|a'|}$ 同时有解或无解.

(3) 若 $my \equiv -b' \pmod{|a'|}$ 的解为 $y_0 \bmod |a'|$, 则 $(my_0 + b')/a' \bmod m$ 为 $a'x \equiv b' \pmod{m}$ 的解.

实际上, 上述步骤就是带绝对最小剩余的 Euclid 算法, 与求一元一次不定方程的特解相同. 下面我们用具体例子来说明.

例 3.10　解同余方程 $11x \equiv 217 \pmod{1732}$.

解　原方程与 $5y \equiv 3 \pmod{11}$ 同解,

$$5y \equiv 3 \pmod{11} \Leftrightarrow u \equiv 2 \pmod{5},$$

得

$$y \equiv (11 \times 2 + 3)/5 \pmod{11} \equiv 5 \pmod{11},$$

$$x \equiv (1732 \times 5 + 217)/11 \pmod{1732} \equiv 807 \pmod{1732}.$$

3.3　一次同余方程组与孙子定理

3.3 一次同余方程组与孙子定理

我国南北朝时期的算术著作《孙子算经》中描述了一个称为“物不知数”的问题: “今有物不知其数, 三三数之剩二, 五五数之剩三, 七七数之剩二, 问物几何?” 并且给出了解答. 用同余的语言描述, 该问题是求解未知量 x 使得

$$\begin{cases} x \equiv 2 \pmod{3}, \\ x \equiv 3 \pmod{5}, \\ x \equiv 2 \pmod{7}. \end{cases}$$

一般地, 有如下同余方程组的定义.

定义 3.11　设 $f_i(x)$ 是整系数多项式, $1 \leqslant i \leqslant k$, 我们把含有变量 x 的一组同余式

$$f_i(x) \equiv 0 \pmod{m_i}, \quad 1 \leqslant i \leqslant k \tag{3.4}$$

称为同余方程组. 若整数 c 同时满足

$$f_i(c) \equiv 0 \pmod{m_i}, \quad 1 \leqslant i \leqslant k,$$

则称 c 是同余方程组的解.

若 c 是同余方程 (3.4) 的解, 则同余类 $c \bmod m, m=[m_1,\cdots,m_k]$ 中的任一整数也为同余方程组的一个解, $c \bmod m$ 看作同余方程组的一个解, 同余方程组中所有模 m 两两不同余的解的个数称为同余方程组的**解数**.

显然, 同余方程组 (3.4) 至多有 m 个解, 且只要有一个方程无解, 则同余方程组无解. 下面讨论当 $m_0,\cdots,m_{k-1}$ 是两两既约时, 一次同余方程组解的情况.

定理 3.12 (孙子定理) 设 $m_0,\cdots,m_{k-1}$ 是两两既约的正整数, 那么对任意整数 $a_0,\cdots,a_{k-1}$, 一次同余方程组

$$x \equiv a_i \pmod{m_i}, \quad 0 \leqslant i \leqslant k-1 \tag{3.5}$$

必有解, 且解数唯一. 这个唯一解是

$$x \equiv M_0 M_0^{-1} a_0 + \cdots + M_{k-1} M_{k-1}^{-1} a_{k-1} \pmod{m},$$

其中

$$m = m_0 \cdots m_{k-1} = m_i M_i \quad (0 \leqslant i \leqslant k-1),$$

以及

$$M_i M_i^{-1} \equiv 1 \pmod{m_i} \quad (0 \leqslant i \leqslant k-1).$$

证明 先来证 $x \equiv M_0 M_0^{-1} a_1 + \cdots + M_{k-1} M_{k-1}^{-1} a_{k-1} \pmod{m}$ 是同余方程 (3.5) 的解. 由题设条件得 $M_i M_i^{-1} \equiv 1 \pmod{m_i}$, $m_i | M_j$, $i \neq j$, 故

$$x \equiv M_i M_i^{-1} a_i \equiv a_i \pmod{m_i}, \quad 0 \leqslant i \leqslant k-1,$$

所以 x 是式 (3.5) 的解.

下证唯一性. 若同余方程有两个解 x_1, x_2, 则必有

$$x_1 \equiv x_2 \equiv a_i \pmod{m_i}, \quad 0 \leqslant i \leqslant k-1,$$

所以

$$m_i | x_1 - x_2, \quad 0 \leqslant i \leqslant k-1.$$

由于 $m_0, m_1, \cdots, m_{k-1}$ 两两既约, 所以 $m=[m_0,\cdots,m_{k-1}] = m_0 \cdots m_{k-1}$, 从而有 $x_1 \equiv x_2 \pmod{m}$. 定理得证. □

孙子定理描述的是模 $m_0, \cdots, m_{k-1}$ 是两两互素的条件下的一次同余方程组的解数及求解的方法. 我们称满足模 $m_0, \cdots, m_{k-1}$ 两两互素的方程组 (3.5) 为满足孙子定理条件的方程组. 对于一般的一组模 $m_0, \cdots, m_{k-1}$, 根据素分解或者通过求解最大公因子将 $m_0, \cdots, m_{k-1}$ 进行分解, 总可以将方程组化为满足孙子定理条件的方程组.

例 3.13 解同余方程组

$$\begin{cases} x \equiv 2 \pmod 3, \\ x \equiv 3 \pmod 5, \\ x \equiv 2 \pmod 7). \end{cases}$$

解 由于 3, 5, 7 两两既约, 可以直接利用孙子定理求解. 计算得

$$M_1 = 35, \quad M_2 = 21, \quad M_3 = 15;$$

$$M_1^{-1} = 2, \quad M_2^{-1} = 1, \quad M_3^{-1} = 1.$$

$$\begin{aligned} x &\equiv 35 \times 2 \times 2 + 21 \times 1 \times 3 + 15 \times 1 \times 2 \\ &\equiv 140 + 63 + 30 \\ &\equiv 23 \pmod{105}. \end{aligned}$$

例 3.14 解同余方程组

$$\begin{cases} 4x \equiv 14 \pmod{15}, \\ 9x \equiv 11 \pmod{20}. \end{cases}$$

解 此方程组中 20 和 15 不既约, 所以不能直接用孙子定理, 方程组等价于如下方程组

$$\begin{cases} 4x \equiv 14 \pmod 5, \\ 4x \equiv 14 \pmod 3, \\ 9x \equiv 11 \pmod 4, \\ 9x \equiv 11 \pmod 5. \end{cases}$$

化简得

$$\begin{cases} x \equiv 1 \pmod 5, \\ x \equiv 2 \pmod 3, \\ x \equiv -1 \pmod 4, \\ x \equiv -1 \pmod 5. \end{cases}$$

第一和第四个方程矛盾, 所以方程组无解.

3.4 一般同余方程

3.3 节已经完全解决了一次同余方程及一次同余方程组的求解问题, 但对于高次的同余方程没有一般的求解方法. 下面我们从理论上简要描述求解一般同余方程的主要步骤.

3.4 一般同余方程

定理 3.15 当 $m = m_0 m_1 \cdots m_{k-1}$, 且 $m_i (0 \leqslant i \leqslant k-1)$ 两两互素时, 同余方程

$$f(x) \equiv 0 \pmod{m}$$

与同余方程组

$$f(x) \equiv 0 \pmod{m_i}, \quad 0 \leqslant i \leqslant k-1$$

同解.

证明由同余的性质可得, 详细证明留给读者补出.

由定理 3.15 知, 要求同余方程 (3.1) 的解, 只要求出同余方程组 (3.4) 的解. 而求解同余方程组 (3.4) 的解需要求解每个同余方程 $f(x) \equiv 0 \pmod{m_i}$ 的解 $a_{i1}, a_{i2}, \cdots, a_{il}$. 然后对每个 $a_{ij}, 0 \leqslant i \leqslant k-1,\ 1 \leqslant j \leqslant l$ 求同余方程组 $x \equiv a_{ij} \pmod{m_i},\ 0 \leqslant i \leqslant k-1$ 的解, 即可得出 $f(x) \equiv 0 \pmod{m}$ 的一个解.

由此, 若 $m = p_0^{\alpha_0} p_1^{\alpha_1} \cdots p_{k-1}^{\alpha_{k-1}}$, 剩下的问题是如何求形如下面方程的解

$$f(x) \equiv 0 \pmod{p_i^{\alpha_i}}.$$

定理 3.16 若 $f(x) \equiv 0 \pmod{p^{\alpha-1}}$ 的解为 $x \equiv c_1, c_2, \cdots, c_s \pmod{p^{\alpha-1}}$, 则方程

$$f(x) \equiv 0 \pmod{p^{\alpha}} \tag{3.6}$$

满足

$$x \equiv c_j \pmod{p^{\alpha-1}}, \quad 1 \leqslant j \leqslant s$$

的解有 $x \equiv c_j + p^{\alpha-1} y \pmod{p^{\alpha}}$ 的形式, 其中 y 是

$$f'(c_j) y \equiv -f(c_j) p^{1-\alpha} \pmod{p}$$

的解.

证明　若我们已知 $f(x) \equiv 0 \pmod{p^{\alpha-1}}$ 的解 $x \equiv c_1, c_2, \cdots, c_s \pmod{p^{\alpha-1}}$, 则可推出对于 $f(x) \equiv 0 \pmod{p^\alpha}$ 的每个解 a 有且仅有一个 $c_j(1 \leqslant j \leqslant s)$ 满足 $a \equiv c_j \pmod{p^{\alpha-1}}$, 从而 $f(x) \equiv 0 \pmod{p^\alpha}$ 的解可表为 $x = c_j + p^{\alpha-1}y$ 的形式.

$$\begin{aligned}
&f(c_j + p^{\alpha-1}y)\\
=&a_n(c_j + p^{\alpha-1}y)^n + a_{n-1}(c_j + p^{\alpha-1}y)^{n-1} + \cdots + a_1(c_j + p^{\alpha-1}y) + a_0\\
\equiv& f(c_j) + p^{\alpha-1}f'(c_j)y + A_2p^{2(\alpha-1)}y^2 + \cdots + A_np^{n(\alpha-1)}y^n\\
\equiv& f(c_j) + p^{\alpha-1}f'(c_j)y \pmod{p^\alpha}.
\end{aligned}$$

据上式可得 $f'(c_j)y \equiv -f(c_j)p^{1-\alpha} \pmod{p}$. □

综上所述, 只要我们解出模为素数 p 的同余方程 $f(x) \equiv 0 \pmod{p}$ 的解, 就可以通过解一次同余方程, 解出模为 $p^2, \cdots, p^\alpha$ 的同余方程 $f(x) \equiv 0 \pmod{p^i}$, $2 \leqslant i \leqslant \alpha$ 的解, 最终求出 $f(x) \equiv 0 \pmod{m}$ 的解.

例 3.17　解同余方程组 $x^2 \equiv 3 \pmod{11^3}$.

解　模 11^3 的完全剩余系可表示为

$$x = x_0 + x_1 \cdot 11 + x_2 \cdot 11^2, \quad -5 \leqslant x_i \leqslant 5,\ 0 \leqslant i \leqslant 2.$$

我们依次解同余方程

$$(x_0 + \cdots + x_i \cdot 11^i)^2 \equiv 3 \pmod{11^{i+1}}, \quad 0 \leqslant i \leqslant 2.$$

当 $i = 0$ 时, 解 $x_0^2 \equiv 3 \pmod{11}$, 得

$$x_0 \equiv \pm 5 \pmod{11}.$$

当 $i = 1$ 时, 解 $(\pm 5 + 11x_1)^2 \equiv 3 \pmod{11^2}$, 得

$$\begin{aligned}
25 \pm 2 \times 5 \times 11x_1 &\equiv 3 \pmod{11^2},\\
x_1 &\equiv \pm 2 \pmod{11}.
\end{aligned}$$

当 $i = 2$ 时, 解 $(\pm 5 \pm 2 \times 11 + 11^2x_2)^2 \equiv 3 \pmod{11^3}$, 得

$$\begin{aligned}
\pm 54x_2 &\equiv -6 \pmod{11},\\
x_2 &\equiv \mp 5 \pmod{11}.
\end{aligned}$$

所以

$$x = \pm 5 \pm 2 \times 11 \mp 5 \times 11^2 \equiv \mp 578 \pmod{11^3}.$$

例 3.18 求同余方程 $x^2 \equiv 1 \pmod{2^l}$ 的解.

解 当 $l=1$ 时, 解数为 1, $x \equiv 1 \pmod 2$. 当 $l=2$ 时, 解数为 2, $x \equiv -1, 1 \pmod{2^2}$. 当 $l \geqslant 3$ 时, 同余方程可写为

$$(x-1)(x+1) \equiv 0 \pmod{2^l}.$$

由于 x 是解时, 可表为 $x = 2y+1$, 代入上式得

$$4y(y+1) \equiv 0 \pmod{2^l},$$

即

$$y(y+1) \equiv 0 \pmod{2^{l-2}},$$

所以

$$y \equiv 0, -1 \pmod{2^{l-2}}.$$

因此解 x 必满足

$$x \equiv 1, -1 \pmod{2^{l-1}}.$$

所以原方程的解为 $x \equiv 1, 1+2^{l-1}, -1, -1+2^{l-1} \pmod{2^l}$ 解数为 4.

3.5 二次剩余

在 3.4 节中, 解一般的同余方程最终要归结到解模为素数的同余方程. 一般模 m 二次同余方程是最常见的同余方程, 尤其是当 $m = pq$ 或 p 的情况. 这种同余方程的解一般归结为求二次剩余问题. 二次剩余问题在密码学中有极其重要的作用. 本节我们讨论模为奇素数 p 的二次同余方程.

3.5 二次剩余

二次同余方程的一般形式为

$$ax^2 + bx + c \equiv 0 \pmod p,$$

若 $(p, a) = 1$, 则上面同余方程可以简化为标准形式:

$$x^2 \equiv d \pmod p, \tag{3.7}$$

当 $p|d$ 时, $x^2 \equiv d \pmod p$ 有且仅有一解 $x \equiv 0 \pmod p$. 因此以下恒假定 $(p, d) = 1$.

定义 3.19　设素数 $p>2$, $(p,d)=1$. 如果同余方程 $x^2 \equiv d \pmod p$ 有解, 则称 d 是模 p 的**二次剩余**; 若无解, 则称 d 是模 p 的**二次非剩余**. 记模 p 的二次剩余与二次非剩余的全体分别为

$$QR_p = \{a|a \in \mathbb{Z}_p^*,\ 存在 x \in \mathbb{Z}_p^*, x^2 \equiv a \pmod p\};$$

$$QNR_p = \{a|a \in \mathbb{Z}_p^*,\ 任意 x \in \mathbb{Z}_p^*, x^2 \not\equiv a \pmod p\}.$$

定理 3.20　模 p 的既约剩余系中, 二次剩余与二次非剩余各占一半, 即

$$|QR_p| = |QNR_p| = (p-1)/2.$$

证明　若 d 是模 p 的二次剩余, 则 d 必为

$$\left(-\frac{p-1}{2}\right)^2, \left(-\frac{p-1}{2}+1\right)^2, \cdots, (-1)^2, 1^2, \cdots, \left(\frac{p-1}{2}-1\right)^2, \left(\frac{p-1}{2}\right)^2 \pmod p$$

中一个, 即

$$d \equiv 1^2, \cdots, \left(\frac{p-1}{2}-1\right)^2, \left(\frac{p-1}{2}\right)^2 \pmod p.$$

又因为 $1 \leqslant i < j \leqslant \dfrac{p-1}{2}$ 时, $i^2 \not\equiv j^2 \pmod p$, 所以模 p 的二次剩余共有 $\dfrac{p-1}{2}$ 个. 从而知非二次剩余的个数为 $(p-1) - \dfrac{p-1}{2} = \dfrac{p-1}{2}$.　□

从定理 3.20 的证明知, 若方程 $x^2 \equiv d \pmod p$ 有解 (即 d 为模 p 的二次剩余), 则解数为 2. 下面我们给出一个如何判定 d 为模 p 的二次剩余的判别方法.

定理 3.21 (Euler 判别法)　设素数 $p>2$, $(p,d)=1$, 那么 d 为模 p 的二次剩余的充要条件是

$$d^{(p-1)/2} \equiv 1 \pmod p;$$

d 为模 p 的二次非剩余的充要条件是

$$d^{(p-1)/2} \equiv -1 \pmod p.$$

证明　对于任意 $d \in \mathbb{Z}_p^*$, 由 Euler 定理知

$$d^{p-1} \equiv 1 \pmod p,$$

所以

$$(d^{(p-1)/2} - 1)(d^{(p-1)/2} + 1) \equiv 0 \pmod p.$$

从而有 $d^{(p-1)/2}\equiv 1 \pmod p$ 或 $d^{(p-1)/2}\equiv -1 \pmod p$ 成立.

下证 d 为模 p 的二次剩余的充要条件：$d^{(p-1)/2}\equiv 1 \pmod p$.

必要性：若 d 为模 p 的二次剩余, 则存在 x_0 使 $x_0^2\equiv d \pmod p$, 由 Euler 定理得

$$d^{(p-1)/2}\equiv x_0^{p-1}\equiv 1 \pmod p.$$

充分性：考虑一次同余方程 $ax\equiv d \pmod p$. 当 a 取 p 的既约剩余系中某个 j 时, 方程有且只有一个解 $x_j \pmod p$. 若 d 不为模 p 的二次剩余, 则 $j\neq x_j$ 可将 p 的既约剩余系按 j,x_j 作为一对两两分完. 由 Wilson 定理有

$$-1\equiv (p-1)!\equiv (-1)^{(p-1)/2}\left(\left(\frac{p-1}{2}\right)!\right)^2\equiv d^{(p-1)/2} \pmod p.$$

与假设矛盾, d 为模 p 的二次剩余.

由 d 为二次剩余的充要条件直接推出为二次非剩余的充要条件为

$$d^{(p-1)/2}\equiv -1 \pmod p.$$

定理得证. □

由 Euler 判别法我们很容易得出如下两个推论：

推论 3.22 若 $p\equiv 1 \pmod 4$, 则 -1 是模 p 的二次剩余; 若 $p\equiv 3 \pmod 4$, 则 -1 是模 p 的二次非剩余.

推论 3.23 设素数 $p>2,(p,d_1)=1,(p,d_2)=1$, 那么 d_1d_2 是模 p 的二次剩余的充要条件是 d_1,d_2 均是模 p 的二次剩余或二次非剩余. d_1d_2 是模 p 的二次非剩余的充要条件是 d_1,d_2 一个为模 p 的二次非剩余, 一个为模 p 的二次剩余.

例 3.24 求 23 的二次剩余和二次非剩余.

解

j	1	2	3	4	5	6	7	8	9	10	11
$d\equiv j^2 \pmod{23}$	1	4	9	-7	2	-10	3	-5	-11	8	6

所以 $-11,-10,-7,-5,1,2,3,4,6,8,9$ 是模 23 的二次剩余, $-9,-8,-6,-4,-3,-2,-1,5,7,10,11$ 是模 23 的二次非剩余.

例 3.25 判断下列同余方程的解数.

(1) $x^2\equiv 3 \pmod{91}$; (2) $x^2\equiv 4 \pmod{55}$.

解 (1) 同余方程 $x^2 \equiv 3 \pmod{91}$ 与下列同余方程组同解

$$\begin{cases} x^2 \equiv 3 \pmod{7}, \\ x^2 \equiv 3 \pmod{13}. \end{cases}$$

3 不是模 7 的二次剩余, 所以方程无解, 从而 $x^2 \equiv 3 \pmod{91}$ 无解.

(2) 同余方程 $x^2 \equiv 4 \pmod{55}$ 与同余方程组

$$\begin{cases} x^2 \equiv 4 \pmod{5}, \\ x^2 \equiv 4 \pmod{11} \end{cases}$$

同解. 4 是模 11 的二次剩余, 也是模 5 的二次剩余, 所以原方程的解数为 4.

例 3.26 设 d 为模 p 的二次剩余, 证明：当 $p \equiv 3 \pmod{4}$ 时, $\pm d^{(p+1)/4}$ 为同余方程 $x^2 \equiv d \pmod{p}$ 的解.

证明 因为 d 为模 p 的二次剩余, 所以 $d^{(p-1)/2} \equiv 1 \pmod{p}$. 故

$$(\pm d^{(p+1)/4})^2 = d^{(p-1)/2} \times d \equiv d \pmod{p}.$$

例题得证. □

3.6 Legendre 符号与 Jacobi 符号

3.6 Legendre符号和Jacobi符号

本节将介绍两个重要的数论函数: Legendre 符号与 Jacobi 符号, 这两个函数在密码算法中具有非常重要的作用.

定义 3.27 设素数 $p > 2$, 令

$$\left(\frac{d}{p}\right) = \begin{cases} 0, & \text{当 } p|d \text{ 时}, \\ 1, & \text{当 } d \text{ 为 } p \text{ 的二次剩余时}, \\ -1, & \text{当 } d \text{ 为 } p \text{ 的二次非剩余时}. \end{cases}$$

称 $\left(\frac{d}{p}\right)$ 为模 p 的 **Legendre 符号**.

关于模 p 的 Legendre 符号有以下性质:

定理 3.28 Legendre 符号的性质:

(1) $\left(\frac{d}{p}\right) \equiv d^{(p-1)/2} \pmod{p}$;

(2) $\left(\dfrac{d}{p}\right)=\left(\dfrac{d+p}{p}\right)$;

(3) $\left(\dfrac{dc}{p}\right)=\left(\dfrac{d}{p}\right)\left(\dfrac{c}{p}\right)$;

(4) $\left(\dfrac{-1}{p}\right)=\begin{cases}1, & p\equiv 1 \pmod 4,\\ -1, & p\equiv 3 \pmod 4.\end{cases}$

定理的证明可由同余的性质及 Legendre 符号的定义直接推出, 留给读者补出.

对于一般的 d, $\left(\dfrac{d}{p}\right)$ 的值可由上面的性质计算得出. 当 d 为特殊情况时, 如当 $d=2$ 时, $\left(\dfrac{d}{p}\right)$ 可以由定理 3.30 更有效地进行计算. 在证明定理 3.30 之前, 首先证明以下引理.

引理 3.29 设素数 $p>2$, $(p,d)=1$, 再设

$$1\leqslant j<p/2,\quad t_j\equiv jd \pmod p,\quad 0<t_j<p.$$

以 n 表示这 $(p-1)/2$ 个 t_j 中大于 $p/2$ 的 t_j 的个数, 那么 $\left(\dfrac{d}{p}\right)=(-1)^n$.

证明 对任意的 $1\leqslant j<i<p/2$,

$$t_i\pm t_j\equiv (i\pm j)d\not\equiv 0 \pmod p,$$

即

$$t_i\not\equiv \pm t_j \pmod p.$$

$r_1,\cdots,r_n$ 表示大于 $p/2$ 的 t_j, 以 $s_1,\cdots,s_k$ 表示所有小于 $p/2$ 的 t_j, 显然,

$$1\leqslant p-r_i<p/2,$$

又因为 $s_j\not\equiv p-r_i \pmod p$, $1\leqslant j\leqslant k$, $1\leqslant i\leqslant n$, 所以 $s_1,\cdots,s_k,p-r_1,\cdots,p-r_n$, 这 $(p-1)/2$ 个数恰好是 $1,2,\cdots,(p-1)/2$ 的一个排列. 由题设得

$$\begin{aligned}1\times 2\times\cdots\times((p-1)/2)\times d^{(p-1)/2}&\equiv t_1t_2\cdots t_{(p-1)/2}\\&\equiv s_1\cdots s_k\times r_1\cdots r_n\\&\equiv (-1)^n s_1\cdots s_k\times(p-r_1)\cdots(p-r_n)\\&\equiv (-1)^n\times 1\times 2\times\cdots\times((p-1)/2) \pmod p.\end{aligned}$$

从而

$$\left(\frac{d}{p}\right) \equiv d^{(p-1)/2} \equiv (-1)^n \pmod{p}.$$

引理得证. □

由引理可得下面定理.

定理 3.30　$\left(\dfrac{2}{p}\right) = (-1)^{(p^2-1)/8}$.

证明　因为 $1 \leqslant t_j = 2j < p/2$, 所以 $1 \leqslant j < p/4$, 由引理 3.29 的证明知

$$n = \frac{p-1}{2} - \left[\frac{p}{4}\right].$$

因此

$$n = \begin{cases} l, & p = 4l+1, \\ l+1, & p = 4l+3. \end{cases}$$

所以

$$\left(\frac{2}{p}\right) = (-1)^n = \begin{cases} 1, & p \equiv \pm 1 \pmod{8}, \\ -1, & p \equiv \pm 3 \pmod{8}. \end{cases}$$

定理得证. □

引理 3.31　设素数 $p > 2$. 当 $(d, 2p) = 1$ 时,

$$\left(\frac{d}{p}\right) = (-1)^T,$$

其中

$$T = \sum_{j=1}^{(p-1)/2} \left[\frac{jd}{p}\right].$$

证明　利用整数部分符号 $[x]$, $t_j \equiv jd \pmod{p}, 0 < t_j < p$ 可表示为

$$jd \equiv p\left[\frac{jd}{p}\right] + t_j, \quad 1 \leqslant j < p/2.$$

两边对 j 求和得

$$d\sum_{j=1}^{(p-1)/2} j = p\sum_{j=1}^{(p-1)/2} \left[\frac{jd}{p}\right] + \sum_{j=1}^{(p-1)/2} t_j = pT + \sum_{j=1}^{(p-1)/2} t_j.$$

由引理 3.29 的证明知

$$\begin{aligned}\sum_{j=1}^{(p-1)/2} t_j &= s_1+\cdots+s_k+r_1+\cdots+r_n\\ &= s_1+\cdots+s_k+(p-r_1)+\cdots+(p-r_n)-np+2(r_1+\cdots+r_n)\\ &= \sum_{j=1}^{(p-1)/2} j-np+2(r_1+\cdots+r_n).\end{aligned}$$

由以上两式得

$$\frac{p^2-1}{8}(d-1)=p(T-n)+2(r_1+\cdots+r_n).$$

得证. □

定理 3.32 (Gauss 二次互反律) 设 p,q 均为奇素数, $p\neq q$, 那么

$$\left(\frac{q}{p}\right)\left(\frac{p}{q}\right)=(-1)^{(p-1)/2\cdot(q-1)/2}.$$

证明 由引理 3.31 得

$$\left(\frac{q}{p}\right)\left(\frac{p}{q}\right)=(-1)^{S+T},$$

其中

$$S=\sum_{i=1}^{(p-1)/2}\left[\frac{iq}{p}\right],\quad T=\sum_{j=1}^{(q-1)/2}\left[\frac{jp}{q}\right].$$

事实上, S 是直线 $y=\frac{q}{p}x,\ x=\frac{p}{2},\ y=0$ 三条直线围成区域内部的整点数(不含边界), T 则是 $y=\frac{p}{q}x,\ x=\frac{q}{2},\ y=0$ 三条直线围成区域内部的整点数, 略作变形, T 变为 $y=\frac{q}{p}x,\ y=\frac{q}{2},\ x=0$ 三条直线围成区域内部的整点数. 于是 $S+T$ 就表示矩形区域 $x=\frac{p}{2},\ y=0,\ x=0,\ y=\frac{q}{2}$ 内部的整点数 (直线 $y=\frac{q}{p}x$ 在此区域不通过整点), 即有

$$S+T=\frac{p-1}{2}\frac{q-1}{2}.$$

定理得证. □

例 3.33 计算 $\left(\frac{157}{751}\right)$.

解 由 Gauss 二次互反律得

$$\left(\frac{157}{751}\right)=\left(\frac{751}{157}\right).$$

根据 Legendre 符号的性质得

$$\left(\frac{751}{157}\right)=\left(\frac{-34}{157}\right)=\left(\frac{-1}{157}\right)\left(\frac{2}{157}\right)\left(\frac{17}{157}\right).$$

计算得

$$\left(\frac{-1}{157}\right)=1,\quad \left(\frac{2}{157}\right)=-1,\quad \left(\frac{17}{157}\right)=\left(\frac{157}{17}\right)=\left(\frac{4}{17}\right)=1.$$

所以

$$\left(\frac{157}{751}\right)=-1.$$

例 3.34 求以 7 为其二次剩余的所有奇素数.

解 由 Gauss 二次互反律

$$\left(\frac{7}{p}\right)=(-1)^{(p-1)/2}\left(\frac{p}{7}\right).$$

直接计算得

$$\left(\frac{p}{7}\right)=\begin{cases}1, & p\equiv 1,2,-3 \pmod 7,\\ -1, & p\equiv -1,-2,3 \pmod 7.\end{cases}$$

$$(-1)^{(p-1)/2}=\begin{cases}1, & p\equiv 1 \pmod 4,\\ -1, & p\equiv 3 \pmod 4.\end{cases}$$

解同余方程组

$$\begin{cases}x\equiv a_1 \pmod 4,\\ x\equiv a_2 \pmod 7.\end{cases}$$

当 $a_1=1$ 时, a_2 取 $1,2,-3$; 当 $a_1=-1$ 时, a_2 取 $-1,-2,3$. 利用孙子定理得

$$p\equiv \pm1,\pm3,\pm9 \pmod{28}$$

时, $\left(\frac{p}{7}\right)=1$, 即 p 为模 7 的二次剩余.

根据 Legendre 符号, 我们定义一个更具一般形式的数论函数 Jacobi 符号.

定义 3.35 设奇数 $P>1$, $P=p_1p_2\cdots p_n$, 其中 $p_i(1\leqslant i\leqslant n)$ 是素数. 我们把

$$\left(\frac{d}{P}\right)=\left(\frac{d}{p_1}\right)\left(\frac{d}{p_2}\right)\cdots\left(\frac{d}{p_n}\right)$$

称为 **Jacobi 符号**. 此处 $\left(\frac{d}{p_i}\right)(1\leqslant i\leqslant n)$ 是 **Legendre** 符号.

同样, **Jacobi 符号**也有如下性质:

定理 3.36 Jacobi 符号有如下性质:

(1) $\left(\frac{1}{P}\right)=1$;

(2) $(d,P)\neq 1$ 时, $\left(\frac{d}{P}\right)=0$;

(3) $(d,P)=1$ 时, $\left(\frac{d}{P}\right)=\pm 1$;

(4) $\left(\frac{d}{P}\right)=\left(\frac{d+P}{P}\right)$;

(5) $\left(\frac{dc}{P}\right)=\left(\frac{d}{P}\right)\left(\frac{c}{P}\right)$.

以上性质由 Jacobi 符号定义可直接推出.

定理 3.37 (1) $\left(\frac{-1}{P}\right)=(-1)^{(P-1)/2}$;

(2) $\left(\frac{2}{P}\right)=(-1)^{(P^2-1)/8}$.

证明 设 $a_i\equiv 1 \pmod m(1\leqslant i\leqslant s)$, $a=a_1\cdots a_s$, 则可证明存在以下等式

$$\frac{a-1}{m}\equiv\frac{a_1-1}{m}+\cdots+\frac{a_s-1}{m}\pmod m.$$

只要证明 $s=2$ 时上式成立, 其余情况可以类推. 首先, 由 $a=a_1a_2$ 可得

$$a-1=a_1a_2-1=(a_1-1)+(a_2-1)+(a_1-1)(a_2-1),$$

又由于 $a_i\equiv 1 \pmod m$, 所以 $a\equiv 1 \pmod m$, 从而

$$\frac{a-1}{m}=\frac{a_1-1}{m}+\frac{a_2-1}{m}+\frac{(a_1-1)(a_2-1)}{m}\equiv\frac{a_1-1}{m}+\frac{a_2-1}{m}\pmod m.$$

取 $m=2,\ a_i=p_i(1\leqslant i\leqslant n),\ a=P$, 由此可以推出

$$\left(\frac{-1}{P}\right)=\left(\frac{-1}{p_1}\right)\cdots\left(\frac{-1}{p_n}\right)=(-1)^{(p_1-1)/2+\cdots+(p_n-1)/2}=(-1)^{(P-1)/2}.$$

同样取 $m=8,\ a_i=p_i(1\leqslant i\leqslant n),\ a=P$, 同理可得

$$\left(\frac{2}{P}\right)=(-1)^{(P^2-1)/8}.$$

定理得证. □

Jacobi 符号也满足二次互反律.

定理 3.38 若奇数 $P>1,\ Q>1$, 且 $(Q,P)=1$, 则

$$\left(\frac{Q}{P}\right)\left(\frac{P}{Q}\right)=(-1)^{(P-1)/2\cdot(Q-1)/2}.$$

证明 设 $Q=q_1\cdots q_s, P=p_1\cdots p_t$, 则

$$\begin{aligned}\left(\frac{Q}{P}\right)&=\prod_{i=1}^{t}\prod_{j=1}^{s}\left(\frac{q_j}{p_i}\right)=\prod_{i=1}^{t}\prod_{j=1}^{s}\left(\frac{p_i}{q_j}\right)(-1)^{(p_i-1)/2\cdot(q_j-1)/2}\\&=\left\{\prod_{i=1}^{t}\prod_{j=1}^{s}\left(\frac{p_i}{q_j}\right)\right\}\left\{\prod_{i=1}^{t}\prod_{j=1}^{s}(-1)^{(p_i-1)/2\cdot(q_j-1)/2}\right\}.\end{aligned}$$

由定理 3.37 的证明知

$$\frac{Q-1}{2}\equiv\sum_{j=1}^{s}(q_j-1)/2\pmod 2,\quad \frac{P-1}{2}\equiv\sum_{i=1}^{t}(p_i-1)/2\pmod 2,$$

从而

$$\left(\frac{Q}{P}\right)\left(\frac{P}{Q}\right)=(-1)^{(P-1)/2\cdot(Q-1)/2}.$$

□

利用定理 3.38 与 Jacobi 符号的性质可以计算任何形式的 Jacobi 符号. 这实际上是 Euclid 算法的又一个重要应用. 特别地, Legendre 符号也可以直接当作 Jacobi 符号来计算.

注 与 Legendre 符号不同的是, Jacobi 符号 $\left(\frac{d}{P}\right)=1$ 并不代表二次同余方程 $x^2\equiv d\pmod P$ 一定有解.

例 3.39 求下列 Jacobi 符号: $\left(\dfrac{567}{783}\right)$.

解 因为 $(567,783)=27>1$, 所以 $\left(\dfrac{567}{783}\right)=0$.

3.7 使用 SageMath 求解同余方程

SageMath 包含了一些求解同余方程的实现, 下面给出部分示例.

例 3.40 使用 `crt([a_0, a_1,...,a_{k-1}],[m_0,m_1,...,m_{k-1}])` 可以应用孙子定理求解一次同余方程组

$$x\equiv a_i \pmod{m_i},\quad 0\leqslant i\leqslant k-1.$$

```
sage:crt([2,3,2],[3,5,7])
23
sage:crt([2,2,-3,-2],[3,5,7,13])
557
```

例 3.41 使用 `quadratic_residues(n)` 可以求解模 n 的二次剩余.

```
sage:QR = quadratic_residues(23); QR
[0, 1, 2, 3, 4, 6, 8, 9, 12, 13, 16, 18]
```

例 3.42 使用 `legendre_symbol(d,p)` 可以计算 Legendre 符号 $\left(\dfrac{d}{p}\right)$. 使用 `jacobi_symbol(d,P)` 可以计算 Jacobi 符号 $\left(\dfrac{d}{P}\right)$.

```
sage:legendre_symbol(157,751)
-1
sage:jacobi_symbol(567,783)
0
```

习 题 3

1. 求解下列同余方程.

(1) $4x^2+27x-12\equiv 0 \pmod{15}$;

(2) $x^2+3x-5\equiv 0 \pmod{13}$.

2. 利用恒等变形解下列同余方程.

(1) $x^7+6x^6-13x^4-x^3-2x^2+40x-9\equiv 0 \pmod 5$;

(2) $x^9 - 4x^8 - 5x^7 + x^2 + 5x + 2 \equiv 0 \pmod 7$.

3. 设 p 为素数, 若 $g(x) \equiv 0 \pmod p$ 无解, 则 $f(x) \equiv 0 \pmod p$ 与 $f(x)g(x) \equiv 0 \pmod p$ 的解与解数相同.

4. 求解下列一元一次同余方程.

(1) $8x \equiv 6 \pmod{10}$;　　(2) $3x \equiv 10 \pmod{17}$.

5. 解下列同余方程组

(1) $\begin{cases} x \equiv 3 \pmod 7, \\ x \equiv 5 \pmod{11}; \end{cases}$　　(2) $\begin{cases} x \equiv 2 \pmod 8, \\ x \equiv 6 \pmod{11}, \\ x \equiv -1 \pmod{21}. \end{cases}$

6. 设 $(a,b)=1, c \neq 0$, 证明：一定存在整数 n 使得 $(a+bn,c)=1$.

7. 求模为素数幂的同余方程.

(1) $x^2 + 2x + 1 \equiv 0 \pmod{3^2}$;

(2) $x^2 + 5x + 13 \equiv 0 \pmod{3^3}$.

8. 以 $T(m;f)$ 表示同余方程 $f(x) \equiv 0 \pmod m$ 满足条件 $(x,m)=1$ 的解数. 证明：$(m_1,m_2)=1$ 时, $T(m_1m_2;f) = T(m_1;f)T(m_2;f)$.

9. 求下列同余方程的解数.

(1) $x^2 \equiv 43 \pmod{109}$;

(2) $x^2 \equiv 7 \pmod{83}$.

10. 设 $p \equiv 1 \pmod 4$ 是奇素数. 证明：

(1) $1,2,\cdots,(p-1)/2$ 中模 p 的二次剩余与二次非剩余的个数均为 $(p-1)/4$ 个;

(2) $1,2,\cdots,(p-1)$ 中有 $(p-1)/4$ 个偶数为模 p 的二次剩余, $(p-1)/4$ 个奇数为模 p 的二次剩余.

11. 利用 Jacobi 符号性质计算：$\left(\dfrac{205}{8633}\right)$.

12. 求以 19 为其二次剩余的所有奇素数 p.

13. 素数 $p>2$, 证明：$x^4 \equiv -4 \pmod p$ 有解的充要条件是 $p \equiv 1 \pmod 4$.

14. 设素数 $p \geqslant 3, p \nmid a$, 证明：

$$\sum_{x=1}^{p}\left(\frac{x^2+ax}{p}\right) = -1.$$

15. 设 $n = p_1p_2p_3$, 其中 $p_i, i=1,2,3$ 是互不相等的素数, 令

$$J^{+1} = \left\{x \middle| x \in \mathbb{Z}_n^*, \left(\frac{x}{n}\right) = 1\right\}, \quad J^{-1} = \left\{x \middle| x \in \mathbb{Z}_n^*, \left(\frac{x}{n}\right) = -1\right\},$$

这里 $\left(\dfrac{x}{n}\right)$ 表示 Jacobi 符号, $\mathbb{Z}_n^*$ 表示模 n 的既约剩余系.

证明:

(1) $|J^{+1}| = |J^{-1}|$, 这里 $|J^{+1}|$, $|J^{-1}|$ 表示集合 J^{+1}, J^{-1} 元素的个数;

(2) 计算在 $x \in J^{+1}$ 的条件下, x 是模 n 的二次剩余的概率;

(3) 计算在 $x,\ y \in J^{+1}$ 的条件下, xy 是模 n 的二次剩余的概率.

第 4 章　指数与原根

在一个模 m 的既约剩余系中, 如果一个元素的指数恰好等于 $\varphi(m)$, 则这个元素即为模 m 的一个原根. 在存在原根的既约剩余系中, 每个元素均可以表示成原根的幂, 反之原根的幂所表示的所有不同的元素恰好构成既约剩余系, 这就给出了一种构造模的既约剩余系的很自然的一种方法. 但只有 $m=1,2,4,p^\alpha,2p^\alpha$ 时才有原根, 对于不存在原根的模 m, 它的既约剩余系是怎样构造的呢? 以上所描述的结论与问题正是本章所要研究的主要内容. 另外, 本章还介绍指数、指标两个主要概念及性质, 其中指标为密码学中的离散对数问题. 离散对数问题是设计许多公钥密码算法的重要理论根据.

第4章 概述

4.1　指数及其性质

本节我们给出指数及原根的概念及其基本性质.

4.1.1 指数及其性质

定义 4.1　设 $m \geqslant 1$, $(a,m)=1$. 使式 $a^d \equiv 1 \pmod m$ 成立的最小的正整数 d 称为 a 对**模 m 的指数** (习惯上也称为**阶**或**周期**), 记作 $\delta_m(a)$. 当 $\delta_m(a)=\varphi(m)$ 时, 称 a 是**模 m 的原根**.

性质 1　设 $m \geqslant 1$, $(a,m)=1$. 对任意整数 d, 如果 $a^d \equiv 1 \pmod m$, 则 $\delta_m(a)|d$.

证明　设 $d_0=\delta_m(a)$, 由带余除法定理存在 q,r 使得 $d=qd_0+r$, $0 \leqslant r < d_0$. 因此

$$a^d-1=a^{qd_0+r}-1=(a^{d_0})^q a^r-1 \equiv a^r-1 \equiv 0 \pmod m,$$

因为 $0 \leqslant r < d_0$, 所以由指数的定义得 $r=0$. 得证. □

性质 2　若 $b \equiv a \pmod m$, $(a,m)=1$, 则 $\delta_m(a)=\delta_m(b)$.

性质 3　$\delta_m(a)|\varphi(m)$; $\delta_{2^l}(a)|2^{l-2}$, $l \geqslant 3$.

利用性质 3 可验证下列例子的正确性.

例 4.2　列出模 $m=17$ 的既约剩余系的所有元素的指数.

a	1	2	3	4	5	6	7	8	9	10	11	12	13	14	15	16
$\delta_{17}(a)$	1	8	16	4	16	16	16	8	8	16	16	16	4	16	8	2

由 $\varphi(m)=16$ 及表知模 17 的原根为 $3,5,6,7,10,11,12,14 \pmod{17}$.

例 4.3　列出模 $m=2^5$ 的既约剩余系的所有元素的指数.

a	1	3	5	7	9	11	13	15	17	19	21	23	25	27	29	31
$\delta_{32}(a)$	1	8	8	4	4	8	8	2	2	8	8	4	4	8	8	2

由 $\varphi(m)=2^4=16$ 及表知模 $m=2^5$ 无原根.

性质 4　若 $(a,m)=1$, $a^i\equiv a^j (\bmod m)$, 则 $i\equiv j \pmod{\delta_m(a)}$.

性质 5　设 $aa^{-1}\equiv 1 \pmod m$, 则 $\delta_m(a)=\delta_m(a^{-1})$.

性质 2—性质 5 的证明非常简单, 留作练习.

性质 6　设 k 是非负整数, 则有

$$\delta_m(a^k)=\frac{\delta_m(a)}{(\delta_m(a),k)}.$$

而且在模 m 的一个既约剩余系中, 至少有 $\varphi(\delta_m(a))$ 个数对模 m 的指数等于 $\delta_m(a)$.

证明　记 $\delta=\delta_m(a)$, $\delta'=\delta/(\delta,k)$, $\delta''=\delta_m(a^k)$. 先证明 $\delta'|\delta''$, 由题意得

$$a^{\delta}\equiv 1 \pmod m,\quad (a^k)^{\delta''}\equiv 1 \pmod m.$$

由性质 1 得 $\delta|k\delta''$, 所以 $\delta'=\dfrac{\delta}{(\delta,k)}\Big|\dfrac{k\delta''}{(\delta,k)}$, 因为 $\left(\dfrac{\delta,}{(\delta,k)},\dfrac{k}{(\delta,k)}\right)=1$, 故 $\delta'|\delta''$.

再证明 $\delta''|\delta'$, 由 $a^{k\delta'}\equiv(a^k)^{\delta'}\equiv 1 \pmod m$ 知, $\delta''|\delta'$ 成立. 所以 $\delta'=\delta''$, 得证. □

由性质 6 可以得到以下两个重要推论.

推论 4.4　当 $(k,\delta_m(a))=1$ 时, $\delta_m(a)=\delta_m(a^k)$.

推论 4.4 是一个很重要的结论, 它不仅可以确定原根及原根的个数, 而且可以用来确定有限循环群的生成元及生成元的个数. 从而有

推论 4.5　若 g 为模 m 的原根, 则模 m 的原根的个数为 $\varphi(\varphi(m))$, 并且

$$\{g^i|(i,\varphi(m))=1,1\leqslant i<\varphi(m)\},$$

即为所有原根的集合.

性质 7　$\delta_m(ab)=\delta_m(a)\delta_m(b)$ 的充要条件是 $(\delta_m(a),\delta_m(b))=1$.

证明 设 $\delta=\delta_m(ab)$, $\delta'=\delta_m(a)$, $\delta''=\delta_m(b)$, $\eta=[\delta_m(a),\ \delta_m(b)]$. 首先

$$1=(ab)^{\delta}\equiv(ab)^{\delta\delta''}\equiv a^{\delta\delta''}\pmod m.$$

所以 $\delta'|\delta\delta''$. 又因为 $(\delta',\delta'')=1$, 故 $\delta'|\delta$. 同理

$$1\equiv(ab)^{\delta}\equiv(ab)^{\delta\delta'}\equiv b^{\delta\delta'}\pmod m,$$

所以 $\delta''|\delta\delta'$, 从而 $\delta''|\delta$. 又因为 $(\delta',\delta'')=1$, 故 $\delta'\delta''|\delta$. 另一方面, 显然 $(ab)^{\delta'\delta''}\equiv 1\pmod m$, 故 $\delta|\delta'\delta''$, 因此 $\delta=\delta'\delta''$. 这就证明了充分性.

必要性：我们有 $(ab)^{\eta}\equiv 1\pmod m$, 所以 $\delta|\eta$, 由 $\delta=\delta'\delta''$ 得 $\delta'\delta''|\eta$, 另外显然, $\eta|\delta'\delta''$. 故 $\delta'\delta''=\eta$, 即 $(\delta',\delta'')=1$. □

性质 8 (1) 若 $n|m$, 则 $\delta_n(a)|\delta_m(a)$;

(2) 若 $(m_1,m_2)=1$, 则 $\delta_{m_1m_2}(a)=[\delta_{m_1}(a),\delta_{m_2}(a)]$.

证明 (1) 由 $a^{\delta_m(a)}\equiv 1\pmod m$ 知 $a^{\delta_m(a)}\equiv 1\pmod n$, 从而知 $\delta_n(a)|\delta_m(a)$. 得证.

(2) 记

$$\delta'=[\delta_{m_1}(a),\delta_{m_2}(a)],\quad \delta_{m_1}(a)|\delta_{m_1m_2}(a),\quad \delta_{m_{2}(a)}|\delta_{m_1m_2}(a),$$

所以 $\delta'|\delta_{m_1m_2}(a)$. 另一方面, $a^{\delta'}\equiv 1\pmod{m_j}(j=1,2)$, 由 $(m_1,m_2)=1$ 可推出 $a^{\delta'}\equiv 1\pmod{m_1m_2}$, 因而 $\delta_{m_1m_2}(a)|\delta'$. □

由性质 8 可以推出更一般的性质 (即性质 9) 成立.

性质 9 若 $m=2^{\alpha_0}p_1^{\alpha_1}p_2^{\alpha_2}\cdots p_r^{\alpha_r}$, $p_i(1\leqslant i\leqslant r)$ 是两两不同的奇素数, 则 $\delta_m(a)|\lambda(m)$, 其中

$$\lambda(m)=[2^{c_0},\varphi(p_1^{\alpha_1}),\cdots,\varphi(p_r^{\alpha_r})],\quad c_0=\begin{cases}0, & \alpha_0=0,1,\\ 1, & \alpha_0=2,\\ \alpha_0-2, & \alpha_0\geqslant 3.\end{cases}$$

$\lambda(m)$ 称为 **Carmichael 函数**.

性质 10 设 $(m_1,m_2)=1$. 那么对任意 a_1,a_2, 必存在 a 使得

$$\delta_{m_1m_2}(a)=[\delta_{m_1}(a_1),\delta_{m_2}(a_2)].$$

证明 考虑同余方程组

$$x\equiv a_1\pmod{m_1},\quad x\equiv a_2\pmod{m_2}.$$

由孙子定理知, 同余方程组有唯一解

$$x\equiv a\pmod{m_1m_2}.$$

显然有 $\delta_{m_1}(a)=\delta_{m_1}(a_1)$, $\delta_{m_2}(a)=\delta_{m_2}(a_2)$. 由此从性质 8 就推出所要结论. □

4.1.2 模素数p必有原根

性质 11　对任意 a,b 一定存在 c, 使

$$\delta_m(c)=[\delta_m(a),\delta_m(b)].$$

证明　设 $\delta'=\delta_m(a)$, $\delta''=\delta_m(b)$, $\eta=[\delta',\delta'']$. 则可对 δ',δ'' 作如下分解

$$\delta'=\tau'\eta',\quad \delta''=\tau''\eta'',$$

其中

$$(\eta',\eta'')=1,\quad \eta'\eta''=\eta.$$

由性质 6 可得

$$\delta_m(a^{\tau'})=\eta',\quad \delta_m(b^{\tau''})=\eta''.$$

再由性质 7 得

$$\delta_m(a^{\tau'}b^{\tau''})=\delta_m(a^{\tau'})\delta_m(b^{\tau''})=\eta'\eta''=\eta.$$

从而, 取 $c=a^{\tau'}b^{\tau''}$ 即可. □

例 4.6　设 $m>1$, $(ab,m)=1$, 再设 λ 是使 $a^d\equiv b^d \pmod m$ 成立的最小的正整数 d. 证明

(1) 若 $a^k\equiv b^k \pmod m$ 成立, 则 $\lambda|k$;

(2) $\lambda|\varphi(m)$.

证明　(1) 设 $k=\lambda q+r$, $0\leqslant r<\lambda$.

$$a^k=a^{\lambda q+r}=a^{\lambda q}a^r\equiv b^k\equiv b^{\lambda q+r}\equiv b^{\lambda q}b^r \pmod m.$$

因为 $a^\lambda\equiv b^\lambda \pmod m$, 又因为 $(ab,m)=1$, 所以根据同余的性质得

$$a^r\equiv b^r \pmod m.$$

由于 λ 为使 $a^d\equiv b^d \pmod m$ 成立的最小的正整数 d, 从而 $r=0$, 即 $\lambda|k$.

(2) 由于 $(ab,m)=1$, 所以 $a^{\varphi(m)}\equiv 1\equiv b^{\varphi(m)} \pmod m$, 由上面讨论得 $\lambda|\varphi(m)$. □

4.2　原根及其性质

下面定理说明了模 m 有原根的充要条件.

定理 4.7　模 m 有原根的充要条件是 $m=1,2,4,p^\alpha,2p^\alpha$, 其中 p 是奇素数, $\alpha\geqslant 1$.

定理的必要性证明 当 m 不属于上述情况时, 必有

$$m=2^{\alpha}\quad(\alpha\geqslant 3),\quad m=2^{\alpha_0}p_1^{\alpha_1}p_2^{\alpha_2}\cdots p_r^{\alpha_r}\quad(\alpha_0\geqslant 2,r\geqslant 1)$$

或

$$m=2^{\alpha_0}p_1^{\alpha_1}p_2^{\alpha_2}\cdots p_r^{\alpha_r}\quad(\alpha_0\geqslant 0,r\geqslant 2),$$

4.2.1 模m有原根的必要性

其中 p_i 为不同的奇素数, $\alpha_i\geqslant 1(1\leqslant i\leqslant r)$. 设

$$\lambda(m)=[2^{c_0},\varphi(p_1^{\alpha_1}),\cdots,\varphi(p_r^{\alpha_r})],\quad c_0=\begin{cases}0, & \alpha_0=0,1,\\ 1, & \alpha_0=2,\\ \alpha_0-2, & \alpha_0\geqslant 3.\end{cases}$$

容易验证, 当 m 属于假设的三种情况中任意一种时, 都有 $\lambda(m)<\varphi(m)$, 由 4.1 节性质知 $\delta_m(a)\leqslant\lambda(m)$, 因此 $\delta_m(a)<\varphi(m)$, 此时模没有原根.

在证明定理的充分性之前首先证明下面两个引理.

引理 4.8 *设 p 是素数, 则模 p 必有原根.*

证明 由 4.1 节性质 11 知, 一定存在整数 g 使得

$$\delta_p(g)=[\delta_p(1),\delta_p(2),\cdots,\delta_p(p-1)]=\delta.$$

显然 $\delta|p-1$, 从而 $\delta\leqslant p-1$. 由于 $\delta_p(i)|\delta, i=1,2,\cdots,p-1$. 因而 $x\equiv 1,2,\cdots,p-1\pmod p$ 都是同余方程

$$x^{\delta}\equiv 1\pmod p$$

的解. 又因为同余方程解的个数 $n\leqslant\min(\delta,p)$, 所以 $p-1\leqslant\delta$. 故可得到 $\delta=p-1$, 这就说明了 g 是模 p 的原根. □

引理 4.9 *设 p 是奇素数, 那么对任意的 $\alpha\geqslant 1$, 模 p^{α}, $2p^{\alpha}$ 均有原根.*

证明 分如下五步证明该定理.

(1) 若 g 是模 $p^{\alpha+1}$ 的原根, 则 g 一定是模 p^{α} 的原根.

要证明该结论只需证明 $\delta_{p^{\alpha}}(g)=\varphi(p^{\alpha})$. 设 $\delta=\delta_{p^{\alpha}}(g)$ 可得 $\delta|\varphi(p^{\alpha})$ 且有 $g^{p\delta}\equiv 1\pmod{p^{\alpha+1}}$. 由 g 是模 $p^{\alpha+1}$ 的原根知

$$\varphi(p^{\alpha+1})=\delta_{p^{\alpha+1}}(g)|p\delta.$$

又因为 $\varphi(p^{\alpha+1})=p^{\alpha}(p-1)$, 所以 $\varphi(p^{\alpha})|\delta$. 从而 $\delta=\varphi(p^{\alpha})$. 即 g 一定是模 p^{α} 的原根.

(2) 若 g 是模 p^{α} 的原根, 则必有 $\delta_{p^{\alpha+1}}(g)=\varphi(p^{\alpha})$ 或 $\varphi(p^{\alpha+1})$.

因为 $p^\alpha | p^{\alpha+1}$, 由 4.1 节性质 8 知

$$\varphi(p^\alpha) = \delta_{p^\alpha}(g) | \delta_{p^{\alpha+1}}(g),$$

又因为

$$\delta_{p^{\alpha+1}}(g) | \varphi(p^{\alpha+1}),$$

所以

$$\delta_{p^{\alpha+1}}(g) = \varphi(p^\alpha) \quad 或 \quad \varphi(p^{\alpha+1}).$$

(3) 当 p 是奇素数时, 若 g 是模 p 的原根, 且有 $g^{p-1} = 1 + rp, (p, r) = 1$. 则 g 是模 $p^\alpha(\alpha \geqslant 1)$ 的原根.

首先, 证明对 $\alpha \geqslant 1$ 有 $g^{\varphi(p^\alpha)} = 1 + r(\alpha)p^\alpha, (p, r(\alpha)) = 1$.

当 $\alpha = 1$ 时, 结论成立. 假设对 $\alpha = n(n \geqslant 1)$ 时, 结论成立. 当 $\alpha = n+1$ 时,

$$\begin{aligned} g^{\varphi(p^{n+1})} &= (1 + r(n)p^n)^p \\ &= 1 + r(n)p^{n+1} + \frac{1}{2}p(p-1)r^2(n)p^{2n} + \cdots \\ &= 1 + r(n+1)p^{n+1}. \end{aligned}$$

由于 $(p, r(n)) = 1$, 所以 $(p, r(n+1)) = 1$, 即对 $\alpha = n+1$ 也成立. 由此及上面讨论就推出 g 是模 $p^\alpha(\alpha > 1)$ 的原根.

(4) 若 p 是奇素数时, g' 是模 p 的原根且为奇数 (若 g' 是偶数则以 $g' + p$ 代替). 那么 $g = g' + tp$, $t = 0, 1, \cdots, p-1$ 都是模 p 的原根, 且除了一个以外, 都满足 $g^{p-1} = 1 + rp$, $(p, r) = 1$.

因为

$$g^{p-1} = (g' + tp)^{p-1} = (g')^{p-1} + (p-1)(g')^{p-2}pt + Ap^2,$$

其中 A 为整数. 设 $(g')^{p-1} = 1 + ap$, 由上式得

$$g^{p-1} = 1 + ((p-1)(g')^{p-2}t + a)p + Ap^2.$$

又由于 $(p, (p-1)g') = 1$, 所以 t 的一次同余方程

$$(p-1)(g')^{p-2}t + a \equiv 0 \pmod p$$

的解数为 1. 这就证明了所要结论. 由于 $t = 0, 1, \cdots, p-1$ 中至少有两个偶数及 g' 本身, 所以总可取到模 p 的原根为奇数且满足 $g^{p-1} = 1 + rp$, $(p, r) = 1$, 我们把它记作 $\bar{g}$.

(5) 由 (3) 和 (4) 立即推出 $\bar{g}$ 是所有模 p^α 的原根, 由于 $\bar{g}$ 为奇数, 所以

$$(\bar{g})^d \equiv 1 \pmod{p^\alpha} \Leftrightarrow (\bar{g})^d \equiv 1 \pmod{2p^\alpha}.$$

因此 $\delta_{2p^\alpha}(\bar{g}) = \delta_{p^\alpha}(\bar{g}) = \varphi(p^\alpha)$, 由此及 $\varphi(2p^\alpha) = \varphi(p^\alpha)$ 就推出 $\bar{g}$ 是所有模 $2p^\alpha(\alpha \geqslant 1)$ 的原根. 事实上, 存在 $\bar{g}$ 使得对所有的 $\alpha \geqslant 1, \bar{g}$ 是模 p^α、模 $2p^\alpha$ 的公共原根. □

定理的充分性证明 由引理 4.8 与引理 4.9 知, 当 $m = p, p^\alpha, 2p^\alpha$ 时, 模 m 有原根. 对任意的 $\alpha \geqslant 1$, 模 p^α 必有原根. 事实上, 存在 $\bar{g}$ 使得对所有的 $\alpha \geqslant 1$, $\bar{g}$ 是模 p^α, 模 $2p^\alpha$ 的公共原根. 当 $m = 1, 2, 4$ 时, 易证原根分别为 $1, 1, -1$. 所以当 $m = 1, 2, 4, p^\alpha, 2p^\alpha$($p$ 是奇素数) 时, 模 m 有原根. 定理得证. □

4.2.2 模m有原根的充分性

根据定理 4.7 知, 对于寻找模 $m = p$ 的原根, 方法比较复杂, 因为一般需要分解 $\varphi(m)$ 的因子, 并且根据原根的定义还需要对 $\varphi(m)$ 所有除数 $d < \varphi(m)$, 验证 $a^d \not\equiv 1 \pmod{m}$. 因此具体求原根问题确是一个困难问题, 也没有一般的方法. 下面定理 4.10 提供了在已知分解因子的情况下寻找原根的一种较简单的方法, 这也是密码学最为常用的寻找原根的方法.

定理 4.10 设 $m = 1, 2, 4, p^\alpha, 2p^\alpha$($p$ 是奇素数), $\varphi(m)$ 的所有不同的素因子为 $q_1, q_2, \cdots, q_s$. 那么 g 是模 m 的原根的充要条件是

$$g^{\varphi(m)/q_j} \not\equiv 1 \pmod{m}, \quad j = 1, \cdots, s.$$

如果模 m 有原根, 对于每个随机选取的数 a, 根据定理 4.10 可以检测 a 是否为原根. 由推论 4.5 知原根分布的平均概率为 $\varphi(\varphi(m))/m$, 这个概率表明用随机的方法可以在多项式时间内找到模 m 的一个原根. 定理 4.10 提供了密码学中寻找原根的常用的概率方法.

例 4.11 求模 $p = 61$ 的原根.

解 $p = 61$, $\varphi(p) = 60 = 2^2 \times 3 \times 5$. 由于

$$2^{60/5} = 2^{12} \not\equiv 1 \pmod{61}, \quad 2^{60/3} = 2^{20} \not\equiv 1 \pmod{61}, \quad 2^{60/2} = 2^{30} \not\equiv 1 \pmod{61},$$

所以 2 为模 61 的一个原根.

4.3 指标、既约剩余系的构造

指标是初等数论中一个基本的概念, 求指标问题即为密码学中经常提到的求离散对数问题. 指标用英文形式 $\text{index}_{m,g}(a)$ 表示. 在密码学中, 习惯上称为离散对数 (discrete logarithm).

4.3 指标、既约剩余系的构造

定理 4.12 如果模 m 存在原根, 则任一原根 g 可以生成模 m 的既约剩余系, 即 $\{g^0, g^1, \cdots, g^{\varphi(m)-1}\}$ 构成模 m 的既约剩余系.

证明 由原根的定义知, $\varphi(m)$ 就是使 $g^d \equiv 1 \pmod m$ 成立的最小的正整数 d, 从而易证当 $i \neq j$ 时,

$$g^i \not\equiv g^j \pmod m, \quad 0 \leqslant i < \varphi(m), \quad 0 \leqslant j < \varphi(m).$$

定理得证. □

通常称原根 g 为模 m 的简化剩余系的一个生成元, 这与有限循环群的生成元是一致的.

定义 4.13 设 g 为模 m 的原根. 给定 a, 如果 $(a,m)=1$, 则存在唯一的 $\gamma, 0 \leqslant \gamma < \varphi(m)$, 使得 $a \equiv g^\gamma \pmod m$, 我们把 γ 称为是 a **对模** m **的以** g **为底的指标** (**或离散对数**). 记为 $\gamma_{m,g}(a)$(或 $\mathrm{index}_{m,g}(a)$), 当模 m 与原根 g 很明确时, 也可以简记为 $\gamma_g(a)$, $\gamma(a)$(或 $\mathrm{index}_g(a)$, $\mathrm{index}(a)$).

下面定理说明了模 $m = 2^\alpha$ 的既约剩余系中, 一定存在一个元素 g_0 满足 $\delta_{2^\alpha}(g_0) = 2^{\alpha-2}$. 更具体地说, g_0 可以取值为 5.

定理 4.14 设 $m = 2^l (l > 3)$, $a = 5$. 证明使 $a^d \equiv 1 \pmod m$ 成立的最小的正整数 d_0 为 2^{l-2}.

证明 由 $\varphi(2^l) = 2^{l-1}$ 及 $d_0 | \varphi(2^l)$ 知 $d_0 = 2^k$, $0 \leqslant k \leqslant l-1$.

首先证明对任意的 $a, 2 \nmid a$ 必有

$$a^{2^{l-2}} \equiv 1 \pmod{2^l}.$$

设 $a = 2t+1$. 当 $l=3$ 时, $a^2 = 4t(t+1)+1 \equiv 1 \pmod{2^3}$, 结论成立. 假设当 $l = n$ $(n \geqslant 3)$ 时, 结论成立. 当 $l = n+1$ 时, 由

$$a^{2^{n-1}} - 1 = (a^{2^{n-2}} - 1)(a^{2^{n-2}} + 1)$$

及假设 $a^{2^{n-2}} \equiv 1 \pmod{2^n}$ 可得 $l = n+1$ 结论仍成立.

下面来证 $a = 5$ 时, 对任意的 $l \geqslant 3$, 必有

$$5^{2^{l-3}} \not\equiv 1 \pmod{2^l}.$$

当 $l=3$ 时可直接验证成立. 假设 $l = n (l \geqslant 3)$ 结论成立. 当 $l = n+1$ 时, 由上面的结论

$$5^{2^{l-3}} \equiv 1 \pmod{2^{l-1}}, \quad l \geqslant 3.$$

可得

$$5^{2^{n-3}} = 1 + s \cdot 2^{n-1}, \quad 2 \nmid s.$$

从而

$$5^{2^{n-2}} = 1 + s(1 + s \cdot 2^{n-2})2^n, \quad 2 \nmid s(1 + s \cdot 2^{n-2}).$$

故当 $l = n + 1$ 时, 结论也成立.

由以上两部分知 $a = 5$ 使 $a^d \equiv 1 \pmod{m}$ 成立的最小的正整数 d_0 为 2^{l-2}.

□

定义 4.15 在模 $m = 2^\alpha$, $\alpha \geqslant 3$ 的既约剩余系中, 如果存在一个元素 g_0 满足 $\delta_{2^\alpha}(g_0) = 2^{\alpha-2}$, 则

$$\pm g_0^0, \pm g_0^1, \cdots, \pm g_0^{2^{\alpha-2}-1}$$

为模 $m = 2^\alpha$ 的一个既约剩余系. 那么任给 a 只要 $(a, 2) = 1$, a 就可唯一表示为

$$a \equiv (-1)^{\gamma^{(-1)}} g_0^{\gamma^{(0)}} \pmod{2^\alpha}, \quad 0 \leqslant \gamma^{(-1)} < 2,\ 0 \leqslant \gamma^{(0)} < 2^{\alpha-2}.$$

称 $\gamma^{(-1)}, \gamma^{(0)}$ 为 a **对模 2^α 的以 $-1, g_0$ 为底的指标组**, 记为 $\gamma_{2^\alpha,-1,g_0}^{(-1)}(a), \gamma_{2^\alpha,-1,g_0}^{(0)}(a)$, 或简记为 $\gamma^{(-1)}(a)$, $\gamma^{(0)}(a)$ 或 $\gamma_{g_0}^{(-1)}(a), \gamma_{g_0}^{(0)}(a)$.

关于模 $m = 2^\alpha$ 的以 $-1, g_0$ 为底的指标组 $\gamma_{2^\alpha,-1,g_0}^{(-1)}(a), \gamma_{2^\alpha,-1,g_0}^{(0)}(a)$, 我们只讨论 $g_0 = 5$ 的情况, 且简记为 $\gamma^{(-1)}(a), \gamma^{(0)}(a)$.

下面先讨论一下指标与指标组的性质.

定理 4.16 设 g 是模 m 的原根, $a \in \mathbb{Z}_m^*$, 则 $g^h \equiv a \pmod{m}$ 的充要条件是 $h \equiv \gamma_{m,g}(a) \pmod{\varphi(m)}$.

定理 4.17 设 g 是模 m 的原根, $ab \in \mathbb{Z}_m^*$. 则有

$$\gamma_{m,g}(ab) \equiv \gamma_{m,g}(a) + \gamma_{m,g}(b) \pmod{\varphi(m)}.$$

定理 4.18 设 g, g' 模 m 的两个不同的原根, $a \in \mathbb{Z}_m^*$ 则

$$\gamma_{m,g'}(a) \equiv \gamma_{m,g'}(g) \cdot \gamma_{m,g}(a) \pmod{\varphi(m)}.$$

这个定理相当于对数的换底公式. 以上这三个定理的证明非常简单, 留给读者自己证明. 再看几个关于指数与指标关系的定理.

定理 4.19 设 g 是模 m 的原根, $(a, m) = 1$. 则

$$\delta_m(a) = \frac{\varphi(m)}{(\gamma_{m,g}(a), \varphi(m))}.$$

由此推出, 当模 m 有原根时, 对每个正除数 $d|\varphi(m)$, 在模的一个既约剩余系中, 恰有 $\varphi(d)$ 个元素对模 m 的指数等于 d, 特别地, 恰有 $\varphi(\varphi(m))$ 个原根.

证明 由 4.1 节中性质 6 知

$$\delta_m(a^k)=\delta_m(a)/(k,\delta_m(a)).$$

令 $a=g$, $k=\gamma_{m,g}(a)$, 因为 $\delta_m(g)=\varphi(m)$, 则 $\delta_m(a)=\varphi(m)/(\gamma_{m,g}(a),\varphi(m))$ 成立.

g 是模 m 的原根, 所以 $g^0=1,g^1,\cdots,g^{\varphi(m)-1}$ 是模 m 的一组既约剩余系, 其中元素 g^i 的指数 $\delta_m(g^i)=d$ 的充要条件是

$$(\varphi(m),i)=\varphi(m)/d,\quad 0\leqslant i<\varphi(m).$$

设 $i=t\cdot\varphi(m)/d$, 上式等价于 $(d,t)=1$, $0\leqslant t<d$, 满足上式的 t 有 $\varphi(d)$ 个. 得证. □

由定理 4.19 的证明知 $\varphi(\varphi(m))$ 个原根分别是 g^t, $0\leqslant t<\varphi(m)$, $(t,\varphi(m))=1$. 我们通过计算 $g^i,1\leqslant i\leqslant\varphi(m)$ 的绝对最小剩余, 把这些结果按指标大小或既约剩余系的大小列表, 叫做**指标表**.

例 4.20 构造模 17 以 3 为原根的指标表.

$\gamma_{17,3}(a)$	0	1	2	3	4	5	6	7	8	9	10	11	12	13	14	15
a	1	3	9	10	13	5	15	11	16	14	8	7	4	12	2	6
$\delta(a)$	1	16	8	16	4	16	8	16	2	16	8	16	4	16	8	16

定理 4.21 给定模 2^α, 若 $a\equiv(-1)^j5^h \pmod{2^\alpha}$, 则有

$$j\equiv\gamma^{(-1)}(a)\equiv(a-1)/2 \pmod 2$$

及

$$h\equiv\gamma^{(0)}(a) \pmod{2^{\alpha-2}}.$$

定理 4.22 给定模 2^α, 设 $(ab,2)=1$, 则

$$\gamma^{(-1)}(ab)\equiv\gamma^{(-1)}(a)+\gamma^{(-1)}(b) \pmod 2$$

及

$$\gamma^{(0)}(ab)\equiv\gamma^{(0)}(a)+\gamma^{(0)}(b) \pmod{2^{\alpha-2}}.$$

这两个定理的证明较简单, 留作习题由读者自己补出.

定理 4.23 设 $(a,2)=1$, 则

$$\delta_{2^\alpha}(a)=\begin{cases} 2^{\alpha-2}/(\gamma^{(0)}(a),2^{\alpha-2}), & 0<\gamma^{(0)}(a)<2^{\alpha-2},\\ 2/(\gamma^{(-1)}(a),2), & \gamma^{(0)}(a)=0.\end{cases}$$

证明 $\gamma^{(0)}(a)=0$ 的充要条件是 $a\equiv(-1)^{\gamma^{(-1)}(a)}\equiv\pm1 \pmod{2^\alpha}$, 容易验证这时上式成立. 当 $0<\gamma^{(0)}(a)<2^{\alpha-2}$ 时, 一定有 $a\not\equiv1 \pmod{2^\alpha}$, 所以 $2|\delta_{2^\alpha}(a)$. 设 $b=5^{\gamma^{(0)}(a)}$, 记 $\delta(a)=\delta_{2^\alpha}(a)$, $\delta(b)=\delta_{2^\alpha}(b)$, 由指标的性质知

$$\delta(b)=2^{\alpha-2}/(\gamma^{(0)}(a),2^{\alpha-2}).$$

由 $0<\gamma^{(0)}(a)<2^{\alpha-2}$ 知 $2|\delta(b)$. 由 $2|\delta(a)$ 推出

$$1\equiv a^{\delta(a)}\equiv((-1)^{\gamma^{(-1)}(a)}b)^{\delta(a)}\equiv b^{\delta(a)} \pmod{2^\alpha}.$$

由 $2|\delta(b)$ 推出

$$a^{\delta(b)}\equiv((-1)^{\gamma^{(-1)}(a)}b)^{\delta(b)}\equiv b^{\delta(b)}\equiv1 \pmod{2^\alpha}.$$

从而得 $\delta(a)|\delta(b)$ 及 $\delta(b)|\delta(a)$. 故 $\delta(a)=\delta(b)$ 进而结论成立. □

注 设 $d=2^j$, $1<j\leqslant2^{\alpha-2}$, 则 $\delta_{2^\alpha}(a)=d=2^j$ 的充要条件是

$$(\gamma^{(0)}(a),2^{\alpha-2})=2^{\alpha-2-j},\quad 0<\gamma^{(0)}(a)<2^{\alpha-2}.$$

例 4.24 构造模 2^5 的以 -1 和 5 为底的指标表.

$\gamma^{(-1)}(a)$	0	0	0	0	0	0	0	0	1	1	1	1	1	1	1	1
$\gamma^0(a)$	0	1	2	3	4	5	6	7	0	1	2	3	4	5	6	7
a	1	5	25	29	17	21	9	13	31	27	7	3	15	11	23	19
$\delta(a)$	1	8	4	8	2	8	4	8	2	8	4	8	2	8	4	8

以上我们讨论了模 p^α 及模 2^α 的既约剩余系的情况, 下面我们来构造一般的模 m 的既约剩余系.

定理 4.25 设模 $m=2^{\alpha_0}p_1^{\alpha_1}p_2^{\alpha_2}\cdots p_r^{\alpha_r}$, $\alpha_i\geqslant1(1\leqslant j\leqslant r)$, $p_j(1\leqslant j\leqslant r)$ 是两两不等的奇素数, g_j 为 $p_j^{\alpha_j}$ 的原根 $(1\leqslant j\leqslant s)$, 则

$$M_0M_0^{(-1)}(-1)^{\gamma^{(-1)}}5^{\gamma^{(0)}}+M_1M_1^{(-1)}g_1^{\gamma^{(1)}}+\cdots+M_rM_r^{(-1)}g_r^{\gamma^{(r)}},$$

$$0\leqslant\gamma^{(j)}<c_j,-1\leqslant j\leqslant r$$

构成模 m 的一组既约剩余系, 其中

$$c_{-1}=c_{-1}(\alpha_0)=\begin{cases}1, & \alpha_0=1,\\ 2, & \alpha_0\geqslant2,\end{cases}\qquad c_0=c_0(\alpha_0)=\begin{cases}1, & \alpha_0=1,\\ 2^{\alpha_0-2}, & \alpha_0\geqslant2,\end{cases}$$

$$c_j=\varphi(p_j^{\alpha_j}),\quad 1\leqslant j\leqslant r,\quad m=M_02^{\alpha_0}=M_jp_j^{\alpha_j},$$

$$M_j^{-1}M_j\equiv1 \pmod{p_j^{\alpha_j}},\quad 1\leqslant j\leqslant r.$$

此定理利用指标和指标组的概念以及孙子定理很容易证明. 下面我们给出模 m 的指标组的概念.

定义 4.26 对任意给定的 $a,(a,m)=1$, 必有唯一的一组满足定理条件的 $\gamma^{(j)}=\gamma^{(j)}(a)(-1\leqslant j\leqslant r)$ 使得

$$a\equiv M_0M_0^{(-1)}(-1)^{\gamma^{(-1)}}5^{\gamma^{(0)}}+M_1M_1^{(-1)}g_1^{\gamma^{(1)}}+\cdots+M_rM_r^{(-1)}g_r^{\gamma^{(r)}}\pmod m.$$

我们把 $\gamma^{(-1)}(a),\gamma^{(0)}(a);\gamma^{(1)}(a),\cdots,\gamma^{(r)}(a)$ 称为是 a 对模 m 的以 $-1,5;g_1,\cdots,g_r$ 为底的**指标组**. 记为

$$\gamma_m(a)=\{\gamma^{(-1)}(a),\gamma^{(0)}(a);\gamma^{(1)}(a),\cdots,\gamma^{(r)}(a)\}.$$

例 4.27 求模 $m=2^3\times5^2\times7^2\times11^2$ 的既约剩余系.

解 令

$$\begin{aligned}
&M_0=5^2\times7^2\times11^2\equiv1\pmod{2^3}, && M_0^{-1}\equiv1\pmod{2^3},\\
&M_1=2^3\times7^2\times11^2\equiv7\pmod{5^2}, && M_1^{-1}\equiv-7\pmod{5^2},\\
&M_2=2^3\times5^2\times11^2\equiv-6\pmod{7^2}, && M_2^{-1}\equiv8\pmod{7^2},\\
&M_3=2^3\times5^2\times7^2\equiv-1\pmod{11^2}, && M_3^{-1}\equiv-1\pmod{11^2}.
\end{aligned}$$

可以验证 $5^2,7^2,11^2$ 的原根分别为 $2,3,2$. 因此

$$\begin{aligned}
x=&5^2\times7^2\times11^2\times(-1)^{\gamma^{(-1)}}\times5^{\gamma^{(0)}}+2^3\times7^2\times11^2\times(-7)\times2^{\gamma^{(1)}}\\
&+2^3\times5^2\times11^2\times8\times3^{\gamma^{(2)}}+2^3\times5^2\times7^2\times(-1)\times2^{\gamma^{(3)}},\\
&0\leqslant\gamma^{(-1)}<2,\quad 0\leqslant\gamma^{(0)}<2,\quad 0\leqslant\gamma^{(1)}<20,\\
&0\leqslant\gamma^{(2)}<42,\quad 0\leqslant\gamma^{(3)}<110
\end{aligned}$$

为模 $m=2^3\times5^2\times7^2\times11^2$ 的既约剩余系.

4.4 n 次剩余

在第 3 章中提到过二次剩余的概念, 本节我们来简单介绍一下 n 次剩余的知识.

定义 4.28 设 $m\geqslant2$, $(a,m)=1$, $n\geqslant2$. 如果同余方程

$$x^n\equiv a\pmod m \tag{4.1}$$

有解, 则称 a 是模 m 的 n 次剩余; 如果无解, 就称 a 是模 m 的 n 次非剩余.

定理 4.29 设 $m \geqslant 2$, $(a,m)=1$, 模 m 有原根 g, 那么同余方程 (4.1) 有解的充要条件是

$$(n,\varphi(m))|\gamma(a),$$

这里 $\gamma(a)=\gamma_{m,g}(a)$ 是 a 对模 m 的以 g 为底的指标. 此外有解时 (4.1) 恰有 $(n,\varphi(m))$ 个解.

证明 若 $x \equiv x_1 \pmod m$ 是方程 (4.1) 的解, 由 $(a,m)=1$ 知 $(x_1,m)=1$, 所以必有 y_1 使得

$$x_1 \equiv g^{y_1} \pmod m, \quad g^{ny_1} \equiv a \pmod m,$$

进而由指数的性质

$$ny_1 \equiv \gamma(a) \pmod{\varphi(m)}.$$

这表明 $y \equiv y_1 \pmod{\varphi(m)}$ 是一次同余方程

$$ny \equiv \gamma(a) \pmod{\varphi(m)}$$

的解. 因此可得 $(n,\varphi(m))|\gamma(a)$. 上面的推导过程可逆, 充分性易得. □

定理 4.29 给出了当模 m 有原根时理论上的具体求解方程 (4.1) 的方法.

(1) 利用指标表找出 a 的指标 $\gamma(a)$;

(2) 解同余方程 $ny \equiv \gamma(a) \pmod{\varphi(m)}$;

(3) 若 $ny \equiv \gamma(a) \pmod{\varphi(m)}$ 有解, 则对每个解 $y_1 \pmod{\varphi(m)}$ 利用指标找出 x_1 满足式 $x_1 \equiv g^{y_1} \pmod m$, 这样得到的所有的 $x_1 \pmod m$ 就是 $x^n \equiv a \pmod m$, $n \geqslant 2$ 的全部解.

注 我们之所以称上述方法为理论上的求解方法是因为:

(1) 当模 m 为合数时, 求 $\varphi(m)$ 相当于分解因子问题, 理论上可行, 但在具体实现时, 目前对于大整数还不存在有效的算法求 $\varphi(m)$.

(2) 即使 $\varphi(m)$ 已知, 求 $\gamma(a)$ 即为离散对数问题, 这也是困难问题.

注 当已知 $\varphi(m)$ 且 $(\varphi(m),n)=1$ 时, 有一种求解 $x^n \equiv a \pmod m$ 的简单方法

$$x = x^{nn^{-1} (\bmod\ \varphi(m))} = a^{n^{-1} (\bmod\ \varphi(m))} \pmod m$$

为方程的解.

例 4.30 解同余方程 $x^{10} \equiv 13 \pmod{17}$.

解 **法 1** 易知 3 为模 17 的原根, $\gamma_{17,3}(13)=4$, 同余方程

$$10y \equiv 4 \pmod{16}$$

有解, 它的解为 $y \equiv 2, -6 \pmod{16}$, 经简单计算可得此方程的两个解为 $8, 9 \pmod{17}$.

法 2　先求出 13 模 17 的平方根 ± 8, 然后计算 $5^{-1} \pmod{16} = 13$. 故

$$x \equiv x^{5\times 5^{-1}} \equiv (\pm 8)^{13} \equiv \pm 8 \equiv 8, 9 \pmod{17}.$$

模 m 的 n 次剩余有如下性质:

性质 1　设模 m 有原根, $n \geqslant 2$, 那么在模 m 的一个既约剩余系中, 模 m 的 n 次剩余恰有 $\varphi(m)/(n, \varphi(m))$ 个.

性质 2　设模 m 有原根, $n \geqslant 2$, 那么 a 是模 m 的 n 次剩余的充要条件是

$$\delta_m(a) \left| \frac{\varphi(m)}{(n, \varphi(m))} \right.$$

成立, 且有解时有 $(n, \varphi(m))$ 个解.

证明　当模 m 有原根时, 指数与指标之间有关系

$$\varphi(m) = (\varphi(m), \gamma(a)) \cdot \delta_m(a),$$

因此 $(n, \varphi(m)) | \gamma(a)$ 成立的充要条件是存在整数 s 使得

$$\frac{\varphi(m)}{(n, \varphi(m))} = s \cdot \delta_m(a),$$

即

$$\delta_m(a) \left| \frac{\varphi(m)}{(n, \varphi(m))} \right. .$$

□

下面来讨论 $m = 2^\alpha (\alpha \geqslant 3)$ 的情形.

定理 4.31　设 $m = 2^\alpha$, $\alpha \geqslant 3$, a 是奇数, 以及 a 对模 2^α 的以 $-1, 5$ 为底的指标组是 $\gamma^{(-1)}, \gamma^{(0)}$. 那么 a 是模 2^α 的 n 次剩余的充要条件是

$$(n, 2) | \gamma^{(-1)}(a), \quad (n, 2^{\alpha-2}) | \gamma^{(0)}(a),$$

且有解时恰有 $(n, 2) \cdot (n, 2^{\alpha-2})$ 个解, 也就是说当 n 是奇数时, 总有解且恰有一解; 当 n 是偶数时, 若有解则有 $2 \cdot (n, 2^{\alpha-2})$ 个解.

证明　由 a 是奇数知, 方程 (4.1) 中的解 x 只在模 2^α 的一个既约剩余系中取值, 所以可设

$$x = (-1)^u 5^v, \quad 0 \leqslant u < 2, 0 \leqslant v < 2^{\alpha-2},$$

这样, 方程 (4.1) 就变为一个有两个变数的同余方程

$$\begin{cases} (-1)^{nu}5^{nv} \equiv (-1)^{\gamma^{(-1)}(a)}5^{\gamma^{(0)}(a)} \pmod{2^\alpha}, \\ 0 \leqslant u < 2, \quad 0 \leqslant v < 2^{\alpha-2}. \end{cases}$$

由指数的性质知, 上面方程与下面同余方程组等价

$$\begin{cases} nu \equiv \gamma^{(-1)}(a) \pmod{2}, & 0 \leqslant u < 2, \\ nv \equiv \gamma^{(0)}(a) \pmod{2^{\alpha-2}}, & 0 \leqslant v < 2^{\alpha-2}. \end{cases}$$

由同余方程理论知, 第一个一次同余方程 (注意 u 正好在模 2 的一个完全剩余系中取值) 有解的充要条件是

$$(n,2)|\gamma^{(-1)}(a),$$

有解时有 $(n,2)$ 个解; 第二个一次同余方程 (注意 v 正好是在模 $2^{\alpha-2}$ 的一个完全剩余系中取值) 有解的充要条件是

$$(n,2^{\alpha-2})|\gamma^{(0)}(a),$$

有解时有 $(n,2^{\alpha-2})$ 个解. 由以上讨论可得定理证明. □

例 4.32 解同余方程 $x^7 \equiv 29 \pmod{2^5}$.

解 容易得到 29 的指标组是 $\gamma^{(-1)}(29) = 0,\ \gamma^{(0)}(29) = 3$, 因此要解两个一次同余方程

$$\begin{cases} 7u \equiv 0 \pmod{2}, \\ 7v \equiv 3 \pmod{2^3}, \end{cases}$$

得出

$$\begin{cases} u \equiv 0 \pmod{2}, \\ v \equiv 5 \pmod{2^3}. \end{cases}$$

所以 $x \equiv (-1)^0 5^5 \pmod{2^5}$ 为方程的解.

4.5 使用 SageMath 进行指数与原根相关的计算

SageMath 包含了一些指数与原根相关的计算, 下面给出部分示例.

例 4.33 使用 `Zmod(m)(a).multiplicative_order()` 可以求解 a 对模 m 的指数 $\delta_m(a)$.

```
sage:R1 = Zmod(17)
sage:a = R1(2); a.multiplicative_order()
8
sage:b = R1(3); b.multiplicative_order()
16
sage:R2 = Zmod(32)
sage:c = R2(3); c.multiplicative_order()
8
sage: d = R2(9); d.multiplicative_order()
4
```

例 4.34　使用 `primitive_root(m)` 可以求解模 m 的原根. 使用 `Zmod(m)(a).log(g)` 可以求解 a 对模 m 的以 g 为底的指标 (即离散对数).

```
sage:primitive_root(17)
3
sage:R = Zmod(17)
sage:a = R(11); g = R(3)
sage:a.log(g)
7
sage:g^7
11
```

例 4.35　同余方程 $x^n \equiv a \pmod{m}$ 如果有解, 可以使用 `Zmod(m)(a).nth_root(n)` 求解一个根.

```
sage:R1 = Zmod(17)
sage:a = R1(13)
sage:a.nth_root(10)
9
sage:R2 = Zmod(32)
sage:b = R2(29)
sage:b.nth_root(7)
21
```

习　题　4

1. 设 $m_1 = 7, m_2 = 9$, $a_1 = 5, a_2 = 3$, 求解 a 使得

$$\delta_{m_1 m_2}(a) = [\delta_{m_1}(a_1), \delta_{m_2}(a_2)].$$

2. 列出 $m = 5, 11, 13, 15, 19, 20$ 的指数表.

3. 求 $\delta_{3\times 17}(10)$, $\delta_{11^2}(2)$.

4. 设 $m = 2^\alpha, \alpha \geqslant 4$. 证明：$\delta_m(a) = 2^{\alpha-2}$ 的充要条件是 $a \equiv \pm 3 \pmod 8$.

5. 设素数 $p > 2$, $p-1$ 的标准素因数分解式是 $q_1^{\beta_1}\cdots q_r^{\beta_r}$. 证明：

(1) 对任一 $j(1 \leqslant j \leqslant r)$, 存在 a_j 对模 p 的指数是 $q_j^{\beta_j}$ (不能利用模 p 存在的原根);

(2) $a_1\cdots a_r$ 是模 p 的原根.

6. 设 $m = 2^{\alpha_0}p_1^{\alpha_1}p_2^{\alpha_2}\cdots p_r^{\alpha_r}, p_j$ 是不同的奇素数, $(m, a) = 1$. 证明: $a^{\lambda(m)} \equiv 1 \pmod m$, 其中

$$\lambda(m) = [2^{c_0}, \varphi(p_1^{\alpha_1}), \cdots, \varphi(p_r^{\alpha_r})], \quad c_0 = \begin{cases} 0, & \alpha_0 = 0, 1, \\ 1, & \alpha_0 = 2, \\ \alpha_0 - 2, & \alpha_0 \geqslant 3. \end{cases}$$

7. 证明：p 是奇素数, $p-1$ 的所有不同的素因数是 $q_1, q_2, \cdots, q_s$, 那么 g 为模 p 的原根的充要条件是 $g^{p-1/q_j} \not\equiv 1 \pmod p, j = 1, 2, \cdots, s$.

8. 试求模 23, 29, 41, 53, 67, 73 的原根.

9. 求一个 g 为模 p 的原根, 但不是模 p^2 的原根, $p = 5, 7, 11, 13, 17$.

10. 求以 11 为原根的最小素数.

11. 设 $p = 2^{2^k} + 1$ 为一个素数, 试给出：7 是 p 的一个原根的条件.

12. 求模 $m = 3 \times 13 \times 23 \times 43$ 的既约剩余系.

13. 解同余方程：(1) $x^5 \equiv 3 \pmod{61}$; (2) $6x^{10} \equiv 5 \pmod{17}$.

14. 当 a 为何值时, $ax^8 \equiv 5 \pmod{17}$ 有解.

15. 设素数 $p > 2$. 证明：同余方程 $x^4 \equiv -1 \pmod p$ 有解的充要条件是 $p \equiv 1 \pmod 8$.

16. 设 p 是素数, $2 \nmid \delta_p(a)$. 证明：同余方程 $a^x + 1 \equiv 0 \pmod p$ 无解.

17. 设素数 $p \equiv 3 \pmod 4$. 证明：a 是模 p 的四次剩余的充要条件是 $\left(\dfrac{a}{p}\right) = 1$.

18. 设 p 为素数且 $p \neq 2, 5$. 求使 $p^k \equiv 1 \pmod{100}$ 对任意上述条件的素数都成立的最小正整数 k.

第 5 章　素数分布的初等结果

素数性质的研究不仅是数论中最为重要的内容, 而且在公钥密码学中也占有很重要的地位. 前几章已经对素数的某些性质进行了探讨, 这一章我们仍然讨论素数的其他性质及素数在整数中的分布问题即素数定理, 并将介绍算术数列中素数分布的一个主要结果, 即算术序列中的素数定理. 这一章的内容及结果在密码学中有非常广泛的应用, 如整数的素分解是许多公钥密码算法安全的理论依据. 素数定理、算术序列中的素数定理分别说明了整数及算术序列中素数分布的平均概率, 为概率算法寻找素数提供理论依据.

5.1　素数的基本性质与分布的主要结果介绍

本节我们简要介绍一下有关素数性质的几个结论以及素数分布的两个重要结果 —— 素数定理与算术序列中的素数定理, 对于前面已经介绍过的有关素数的性质和定理, 在此仅给出简单回顾.

5.1 素数的基本性质与分布的主要结果介绍

性质 1(算术基本定理)　对于任一大于 1 的整数 n, 有以下的素分解

$$n = p_1^{\alpha_1} p_2^{\alpha_2} \cdots p_r^{\alpha_r},$$

其中 $p_1, \cdots, p_r$ 是不同的素因子, 如果不考虑素因子的顺序, 这种分解是唯一的.

性质 1 说明了整数与素数之间的一种关系, 实际上就是整数能表示成素数的乘积的形式, 大整数的素分解是一个困难问题, 在公钥密码学中, 大量的密码算法就是建立在整数分解问题的基础之上.

另外关于算术基本定理的描述, 还有一个解析等价形式, 即

定理 5.1　算术基本定理等价于

$$\prod_p \left(1 - \frac{1}{p^s}\right)^{-1} = \sum_{n=1}^{\infty} \frac{1}{n^s}, \quad s > 1, \tag{5.1}$$

其中式 (5.1) 就是著名的 Euler 恒等式.

关于素数分布, 我们已经在第 1 章证明了素数有无穷多个, 即

性质 2 素数有无穷多个, 即

$$\lim_{x\to\infty}\pi(x)=\infty,$$

其中 $\pi(x)$ 表示不超过 x 的素数的个数.

关于 $\pi(x)$ 的主项估计已经有了精确的结果, 这就是著名的素数定理, 也称为不带余项估计的素数定理.

定理 5.2 (素数定理)

$$\pi(x)\sim\frac{x}{\ln x},\quad x\to\infty. \tag{5.2}$$

关于素数定理, 早在 1800 年 Legendre 已经提出一个估计：

$$\pi(x)\sim\frac{x}{\ln x-1.08366},\quad x\to\infty.$$

另外, 容易证明 $\displaystyle\int_2^x\frac{\mathrm{d}u}{\ln u}\sim\frac{x}{\ln x}$. 记 $\mathrm{Li}(x)=\displaystyle\int_2^x\frac{\mathrm{d}u}{\ln u}$, 素数定理经常也描述成

$$\pi(x)\sim\mathrm{Li}(x),\quad x\to\infty,$$

这就是 Gauss 给出的积分形式的猜测.

然而他们的猜测直到 1896 年才被 Hadamard 和 de la Vallée-Poussin 用高深的复变函数理论分别独立证明. 而对于这个结果的初等证明, 却直到 1949 年才由 Selberg 和 Erdös 各自独立地给出. Selberg 为此获得了菲尔兹奖. 5.3 节将给出 Chebyshev 不等式的证明.

令 $R(x)=\pi(x)-\mathrm{Li}(x)$, 素数定理实际上等价于 $R(x)=o\left(\dfrac{x}{\ln x}\right)$. 对 $R(x)$ 的做出更精确的估计, 称为带余项的素数定理. 关于带余项的素数定理的估计属于解析数论中非常重要也是非常有趣的内容, 并且已经有许多结果, 这些结果的证明已经属于解析数论较深奥的内容, 有兴趣的读者可参考文献 [22]. 这里仅给出 1981 年 Balog 证明的一个结果.

定理 5.3 (Balog) $\pi(x)=\mathrm{Li}(x)+O(x(\ln x)^{-\frac{5}{4}}(\ln\ln x))$.

最后, 我们简单描述算术序列中的素数分布问题.

在密码学中, 经常需要选取大素数, 这些素数通常具有某些特殊的形式. 其中最为常见的是需要选取 $p-1$ 的分解因子是已知的素数. 这种情况下的素数, 常常需要从算术序列中选取.

先给出下面的算术序列

$$b, b+a, b+2a, \cdots, b+ka, \cdots, \tag{5.3}$$

其中 $a \geqslant 3, 1 \leqslant b < a, (a,b) = 1$.

我们已经知道自然数中有无穷多个素数, 那么上面的算术序列中是否也有无穷多个素数呢? Euler 曾宣布过当 $b = 1$ 时算术序列 (5.1) 中有无穷多个素数, 后来 A. M. Legendre 明确地提出它有无穷多个素数, 但都没给出证明. 虽然对特殊的 a 和 b, 已证明了很多这样的结果, 但一般结论是否成立, 则是一个十分困难的猜想. Dirichlet 于 1837 年证明了这一猜想对 a 是素数时成立, 继而利用他证明的二次型类数公式推出对一般的猜想也成立, 在这里就不给出证明, 有兴趣的读者可以参阅相关资料.

素数分布问题一直是数论研究的中心课题之一, 前面我们详细讲过素数定理的初等证明, 知道不超过 x 的素数个数 $\pi(x)$ 的主项估计. 而对于算术数列

$$\{ak+b | a \geqslant 3, 1 \leqslant b < a, (a,b) = 1\}$$

是否也可以估计不超过 x 的素数的个数. 回答是肯定的, 只是证明过程已经不是初等数论所能证明的. 需要用到解析数论中高深的知识, 有兴趣的同学可以查看相关文献.

本节仅给出算术序列素数分布的一个结果.

定义 5.4　$\pi(x;a,b)$ 表示数列

$$\{ak+b | a \geqslant 3, 1 \leqslant b < a, (a,b) = 1\}$$

中不超过 x 的素数个数, 即

$$\pi(x;a,b) = \{p |\ p\text{为素数且 } p \equiv b \pmod a, p < x\}.$$

关于 $\pi(x;a,b)$ 的估计有下列结果.

定理 5.5　若 $(a,b) = 1$, 则

$$\pi(x;a,b) = \frac{1}{\varphi(a)}\mathrm{Li}(x) + O(xe^{-c\sqrt{\log x}}).$$

其中 $a \leqslant (\log x)^A, A > 0$ 是常数, $c > 0$ 是与 A 有关的常数, $\varphi(a)$ 是 Euler 函数. 特别地,

$$\pi(x) = \mathrm{Li}(x) + O(x^{c\sqrt{\log x}}).$$

由定理 5.5 与 $\pi(x) \sim \dfrac{x}{\ln x}$ 知不超过 x 的正整数中形如 $ak+b$ 的素数分布的平均概率为 $\dfrac{1}{\varphi(a)\ln x}$. 这个概率为概率多项式时间内寻找满足 $p \equiv b \pmod a$ 的素数提供了理论根据.

5.2 Euler 恒等式的证明

5.1 节已经给出算术基本定理的解析等价形式 —— Euler 恒等式. 本节我们将给出 Euler 恒等式的理论证明. 首先需要证明两个相关的引理.

引理 5.6 当实数 $s>1$ 时, 无穷乘积

$$\prod_p \left(1-\frac{1}{p^s}\right)^{-1} \tag{5.4}$$

收敛且大于 1, 这里的连乘号表示对所有素数求积.

证明 由对数的性质可得

$$0<\frac{1}{p^s}<\ln\left(1-\frac{1}{p^s}\right)^{-1}, \tag{5.5}$$

因而有

$$\sum_p \frac{1}{p^s}<\sum_p \ln\left(1-\frac{1}{p^s}\right)^{-1}<\sum_p \frac{1}{p^s-1}<2\sum_p \frac{1}{p^s}<2\sum_{n=1}^{\infty}\frac{1}{n^s}, \quad s>1,$$

这里求和号 $\sum_p$ 表示对全体素数 p 求和. 由于当 $s>1$ 时级数 $\sum_{n=1}^{\infty} n^{-s}$ 收敛, 所以正项级数

$$\sum_p \ln\left(1-\frac{1}{p^s}\right)^{-1}$$

当 $s>1$ 时也收敛, 由此就推出无穷级数 (5.4) 收敛, 它的值大于 1 是显然的. □

若算术基本定理在没有被证明的情况下, 假定任意整数 n 表示成下列形式的个数为 $c(n)$: $n=p_1^{\alpha_1}p_2^{\alpha_2}\cdots p_r^{\alpha_r}$, $p_1,\cdots,p_r$ 是不同的素因子, 且不考虑素因子的顺序则下列结论成立.

引理 5.7

$$\prod_p \left(1-\frac{1}{p^s}\right)^{-1}=\sum_{n=1}^{\infty}\frac{c(n)}{n^s}. \tag{5.6}$$

证明 当实数 $s>1$ 时,

$$\left(1-\frac{1}{p^s}\right)^{-1}=1+\frac{1}{p^s}+\frac{1}{p^{2s}}+\cdots,$$

对任给的正整数 N, 取正整数 $k, 2^{k-1}\leqslant N<2^k$, 我们有

$$\sum_{n=1}^{\infty}\frac{c(n)}{n^s}\leqslant\prod_{p\leqslant N}\left(1+\frac{1}{p^s}+\frac{1}{p^{2s}}+\cdots+\frac{1}{p^{ks}}\right),\quad s>1. \tag{5.7}$$

当 $s>1$ 时由引理 5.6 知上式的无穷乘积收敛, 所以由上式知式 (5.6) 右边的正项级数收敛, 且有

$$\sum_{n=1}^{\infty}\frac{c(n)}{n^s}\leqslant\prod_{p}\left(1-\frac{1}{p^s}\right)^{-1}. \tag{5.8}$$

反过来, 对任给的正整数 M 及 n, 取

$$N_1=\sum_{p\leqslant M}p^k,$$

由算术基本定理知

$$\prod_{p\leqslant M}\left(1+\frac{1}{p^s}+\frac{1}{p^{2s}}+\cdots+\frac{1}{p^{ns}}\right)\leqslant\sum_{n=1}^{\infty}\frac{c(n)}{n^s},\quad s>1.$$

令 $h\to+\infty$, 由上式得

$$\prod_{p\leqslant M}\left(1-\frac{1}{p^s}\right)^{-1}\leqslant\sum_{n=1}^{\infty}\frac{c(n)}{n^s},\quad s>1.$$

由此及式 (5.7) 就证明了引理 5.7. □

定理 5.1 的证明 算术基本定理成立, 则 $c(n)=1$, 从而式 (5.1) 成立. 反过来, 若 (5.1) 成立, 则由引理 5.7 知

$$\sum_{n=1}^{\infty}\frac{c(n)-1}{n^s}=0,\quad s>1.$$

由于对所有的 n 都有 $c(n)-1\geqslant 0$, 由此及上式就推出 $c(n)=1$, 从而算术基本定理成立. □

5.3 弱形式素数定理的证明

本节给出弱形式素数定理, 即 Chebyshev 不等式的证明. 首先定义一个数论函数, 即 Möbius 函数 $\mu(n)$

$$\mu(n)=\begin{cases}1, & n=1,\\ (-1)^s, & n=p_1p_2\cdots p_s,\quad p_1<\cdots<p_s,\\ 0, & \text{其他}.\end{cases}$$

关于 $\mu(n)$, 有以下重要性质.

引理 5.8

$$\sum_{d|(n,P_s)}\mu(d)=\begin{cases}1, & (n,P_s)=1,\\ 0, & (n,P_s)>1,\end{cases}\qquad P_s=p_1p_2\cdots p_s. \tag{5.9}$$

引理 5.9 设 $x>0,p_1,p_2,\cdots,p_s$ 为前 s 个素数, $\varphi(x,s)$ 表示不超过 x 且不被 $p_i(1\leqslant i\leqslant s)$ 所整除的自然数的个数, 则

$$\varphi(x,s)=\sum_{d|P_s}\mu(d)\left[\frac{x}{d}\right]. \tag{5.10}$$

证明 由式 (5.9) 知

$$\varphi(x,s)=\sum_{n\leqslant x}\sum_{d|(n,P_s)}\mu(d)=\sum_{d|P_s}\mu(d)\sum_{n\leqslant x,d|n}1=\sum_{d|P_s}\mu(d)\left[\frac{x}{d}\right].\qquad\square$$

引理 5.10 设 s 为自然数, $x>s$, 则

$$\pi(x)<x\prod_{i=1}^{s}\left(1-\frac{1}{p_i}\right)+2^{s+1}, \tag{5.11}$$

这里 $p_1,p_2,\cdots,p_s$ 为前 s 个素数.

证明 因为大于 p_s 而又不超过 x 的素数不能被前 s 个素数整除, 所以

$$\pi(x)\leqslant s+\varphi(x,s).$$

由引理 5.9 得

$$\pi(x)\leqslant s+\sum_{d|P_s}\mu(d)\left[\frac{x}{d}\right]$$

$$
\begin{aligned}
&= s + \left(x - \sum_{i=1}\left[\frac{x}{p_i}\right] + \sum_{1\leqslant i\leqslant j\leqslant s}\left[\frac{x}{p_ip_j}\right] + \cdots + (-1)^s\left[\frac{x}{p_1p_2\cdots p_s}\right]\right)\\
&< s + x\left(1 - \sum_{i=1}^{s}\frac{1}{p_i} + \cdots (-1)^s\left(\frac{1}{p_1p_2\cdots p_s}\right)\right.\\
&\quad \left. + \left(\sum_{i=1}^{s}1 + \sum_{1\leqslant i\leqslant j\leqslant s}1 + \cdots + 1\right)\right)\\
&< s + x\prod_{i=1}^{s}\left(1 - \frac{1}{p_i}\right) + \left(1 + \left(\begin{matrix} s\\ 1\end{matrix}\right) + \left(\begin{matrix} s\\ 2\end{matrix}\right) + \cdots + 1\right)\\
&= x\prod_{i=1}^{s}\left(1 - \frac{1}{p_i}\right) + s + (1+1)^s.
\end{aligned}
$$

由此立即推出式 (5.11). □

引理 5.11

$$\prod_{p}\left(1 - \frac{1}{p}\right) = 0. \tag{5.12}$$

证明　设 N 为充分大的自然数, 则显然有

$$\prod_{p}\left(1 - \frac{1}{p}\right)^{-1} > \prod_{p\leqslant N}\left(1 - \frac{1}{p}\right)^{-1} = \prod_{p\leqslant N}\left(\sum_{r=0}^{\infty}\frac{1}{p^r}\right) > \sum_{n=1}^{N}\frac{1}{n}.$$

由

$$\lim_{N\to\infty}\sum_{n\leqslant N}\frac{1}{n} = \infty,$$

即可推出

$$\prod_{p}\left(1 - \frac{1}{p}\right) = 0.$$

□

定理 5.12　$\lim\limits_{x\to\infty}\dfrac{\pi(x)}{x} = 0.$

证明　由引理 5.10 知

$$\pi(x) < x\prod_{i=1}^{s}\left(1 - \frac{1}{p_i}\right) + 2^{s+1},$$

取 $s+1=\left[\dfrac{\ln x}{2\ln 2}\right]$, 则

$$0<\frac{\pi(x)}{x}<\prod_{i=1}^{[\frac{\ln x}{2\ln 2}]-1}\left(1-\frac{1}{p_i}\right)+\frac{2^{\frac{\ln x}{2\ln 2}}}{x}.$$

上式右边在 $x\to\infty$ 时趋于零, 所以

$$\lim_{x\to\infty}\frac{\pi(x)}{x}=0.$$

亦即 $\pi(x)=o(x), x\to\infty$. □

定理 5.1 说明了素数在自然数中的“密度”很小 (概率是 0).

下面, 我们要对素数分布函数 $\pi(x)$ 给出比较好的上下界估计, 即 Chebyshev 不等式.

定理 5.13 设 $x\geqslant 2$, 则

$$\left(\frac{\ln 2}{3}\right)\frac{x}{\ln x}<\pi(x)<(6\ln 2)\frac{x}{\ln x} \tag{5.13}$$

及

$$\left(\frac{1}{6\ln 2}\right)n\ln n<p_n<\left(\frac{8}{\ln 2}\right)n\ln n,\quad n\geqslant 2 \tag{5.14}$$

表示第 n 个素数.

证明 先来证明式 (5.13). 设 m 是正整数,

$$M=\frac{(2m)!}{(m!)^2}.$$

可证 M 不仅是正整数, 而且

$$\begin{aligned}\ln M&=\ln(2m)-2\ln(m!)\\&=\sum_{p\leqslant m}\{a(p,2m)-2a(p,m)\}\ln p\\&=\sum_{m<p\leqslant 2m}a(p,2m)\ln p,\end{aligned} \tag{5.15}$$

这里

$$a(p,n)=\sum_{j=1}^{\infty}\left[\frac{n}{p^j}\right]. \tag{5.16}$$

显见

$$a(p,2m)=1,\quad m<p\leqslant 2m. \tag{5.17}$$

当 $p\leqslant m$ 时, 由 $0\leqslant[2y]-2[y]\leqslant 1$ 及式 (5.15) 得

$$\begin{aligned}0\leqslant a(p,2m)-2a(p,m)&=\sum_{j=1}^{\infty}\left\{\left[\frac{2m}{p^j}\right]-2\left[\frac{m}{p^j}\right]\right\}\\&\leqslant\sum_{p\leqslant 2m}1=\left[\frac{\ln(2m)}{\ln p}\right].\end{aligned} \tag{5.18}$$

这样由式 (5.15), (5.17) 及 (5.18) 得到

$$\sum_{m<p\leqslant 2m}\ln p\leqslant\ln m\leqslant\sum_{p\leqslant 2m}\left[\frac{\ln(2m)}{\ln p}\right]\ln p. \tag{5.19}$$

因而有

$$\{\pi(2m)-\pi(m)\}\ln m\leqslant\ln M\leqslant\pi(2m)\ln(2m). \tag{5.20}$$

另一方面, 我们直接来估计 M 的上、下界. 我们有

$$M=\frac{2m}{m}\cdot\frac{2m-1}{m-1}\cdots\frac{m+1}{1}\geqslant 2^m, \tag{5.21}$$

$$M=\frac{(2m)!}{(m!)^2}<(1+1)^{2m}=2^{2m}. \tag{5.22}$$

由以上三式即得

$$\pi(2m)\ln(2m)\geqslant m\ln 2,$$

$$\{\pi(2m)-\pi(m)\}\ln m<2m\ln 2. \tag{5.23}$$

当 $x\geqslant 6$ 时, 取 $m=\left[\frac{x}{2}\right]>2$, 这时显然有 $2m\leqslant x<3m$. 因而有式 (5.13) 的左半不等式.

当 $m=2^k$ 时, 由式 (5.23) 可得

$$k\{\pi(2^{k+1})-\pi(2^k)\}<2^{k+1}.$$

由此及 $\pi 2^{k+1}\leqslant 2^k(k\geqslant 0)$ 可推出

$$(k+1)\pi(2^{k+1})-k\pi(2^k)<3\times 2^k.$$

对上式从 $k=0$ 到 $l-1$ 求和, 得到

$$l\cdot\pi(2^l)<3\times 2^l.$$

对任意 $x\geqslant 2$, 必有唯一的整数 h, 使得 $2^{h-1}<x\leqslant 2^h$, 因而有

$$\pi(x)\leqslant\pi(2^k)<3\times\frac{2^k}{k}<(6\ln 2)\frac{x}{\ln x}.$$

这就证明了式 (5.13) 的右半不等式.

在上式中取 $x=p_n$, 利用 $p_n>n$ 就得到

$$p_n>\left(\frac{1}{6\ln 2}\right)n\ln p_n>\left(\frac{1}{6\ln 2}\right)n\ln n.$$

这就证明了式 (5.14) 的左半不等式. 设 $n>1$, 在式 (5.19) 中取 $2m=p_n+1$, 得到

$$n\ln(p_n+1)\geqslant\frac{p_n+1}{2}\ln 2.$$

进而有

$$\ln(p_n+1)\leqslant\ln(2n/\ln 2)+\ln\ln(p_n+1). \tag{5.24}$$

当 $s>-1$ 时,

$$\frac{s}{1+s}\leqslant\ln(1+s)=\int_0^s\frac{\mathrm{d}t}{1+t}\leqslant s. \tag{5.25}$$

取 $s=y/2-1$, 由右半不等式即得

$$\ln y\leqslant\frac{y}{2}-(1-\ln 2)<\frac{y}{2},\quad y>0.$$

取 $y=\ln(p_n+1)$ 由上式及式 (5.21) 得

$$\ln(p_n+1)\leqslant 2\ln\left(\frac{2n}{\ln 2}\right)<4\ln n,\quad n\geqslant 3.$$

由此及式 (5.24) 的前一式, 就推出当 $n\geqslant 3$ 时式 (5.14) 的右半不等式成立, 当 $n<3$ 时直接验证式 (5.14) 的右半不等式成立. □

由定理 5.1 立即可得到有关素数平均分布的一些估计, 为此需要下面的引理.

引理 5.14 设 $y\geqslant 2$, 我们有

$$\ln\ln([y]+1)-\ln\ln 2<\sum_{2\leqslant k\leqslant y}\frac{1}{k\ln k}<\ln\ln[y]+\frac{1}{2\ln 2}-\ln\ln 2 \tag{5.26}$$

及

$$[y](\ln[y]-1)+1<\sum_{1\leqslant k\leqslant y}\ln k$$
$$<([y]+1)\{(\ln[y]+1)-1\}+2-2\ln 2. \tag{5.27}$$

证明 我们有

$$\int_k^{k+1}\frac{\mathrm{d}t}{t\ln t}<\frac{1}{k\ln k}<\int_{k-1}^{k}\frac{\mathrm{d}t}{t\ln t},\quad k\geqslant 3.$$

因此,

$$\sum_{2\leqslant k\leqslant y}\frac{1}{k\ln k}<\frac{1}{2\ln 2}+\int_2^{[y]}\frac{\mathrm{d}t}{t\ln t}$$
$$=\ln\ln[y]+\frac{1}{\ln 2}-\ln\ln 2,$$

$$\sum_{2\leqslant k\leqslant y}\frac{1}{k\ln k}>\int_2^{[y]+1}\frac{\mathrm{d}t}{t\ln t}=\ln\ln([y]+1)-\ln\ln 2.$$

由以上两式即得式 (5.26). 类似地, 由

$$\int_{k-1}^{k}\ln t\mathrm{d}t<\ln k<\int_k^{k+1}\ln t\mathrm{d}t,$$

可得

$$\sum_{1\leqslant k\leqslant y}\ln k<\int_2^{[y]+1}\ln t=([y]+1)\ln([y]+1)-([y]+1)+2-2\ln 2$$

和

$$\sum_{1\leqslant k\leqslant y}\ln k>\int_1^{[y]}\ln t\mathrm{d}t=[y]\ln[y]-[y]+1.$$

这就证明了式 (5.27). □

由引理 5.14 及式 (5.14) 立即推出

定理 5.15 设 $x\geqslant 5$ 一定存在正常数 $c_1,c_2,\cdots,c_6$ 使得

$$c_1\ln\ln x<\sum_{p\leqslant x}\frac{1}{p}<c_2\ln\ln x, \tag{5.28}$$

$$c_3 x < \sum_{p \leqslant x} \ln p < c_4 x, \tag{5.29}$$

$$c_5 \ln x < \sum_{p \leqslant x} \frac{\ln p}{p} < c_6 x. \tag{5.30}$$

此外

$$\lim_{n \to \infty} (\ln p_n)/(\ln n) = 1. \tag{5.31}$$

证明 式 (5.31) 由式 (5.14) 立即推出. 由式 (5.14) 容易推出

$$a_1 \ln n < \ln p_n < a_2 \ln n, \quad n \geqslant 2, \tag{5.32}$$

$$a_3 \ln\ln n < \ln\ln p_n < a_4 \ln\ln n, \quad n \geqslant 25, \tag{5.33}$$

其中 a_1, a_2, a_3, a_4 是和 n 无关的正常数. 下面来证式 (5.28)—(5.30). 不妨设 $x \geqslant 10$. 令 $p_m \leqslant x < p_{m+1}$, 于是 $m \geqslant 2$. 先来证式 (5.28). 由式 (5.14) 知, 存在正常数 a_5, a_6, 使得

$$a_5 \sum_{k=2}^{m} \frac{1}{k \ln k} < \sum_{p \leqslant x} \frac{1}{p} = \sum_{k=1}^{m} \frac{1}{p_k} < a_6 \sum_{k=2}^{m} \frac{1}{k \ln k} + \frac{1}{2},$$

进而由式 (5.26), $m \geqslant 25$ 推出存在正常数 a_7, a_8 使得

$$a_7 \ln\ln(m+1) < \sum_{p_k \leqslant x} \frac{1}{p_k} < a_8 \ln\ln m.$$

进而由式 (5.33) 及 $m \geqslant 25$ 知

$$\ln\ln m < a_3^{-1} \ln\ln p_m \leqslant a_3^{-1} \ln\ln x,$$

$$\ln\ln(m+1) > a_4^{-1} \ln\ln p_{m+1} > \ln\ln x.$$

由以上三式就推出式 (5.28).

下面来证式 (5.29). 由式 (5.32) 得

$$a_1 \sum_{k=2}^{m} \ln k < \sum_{p \leqslant x} \ln p = \sum_{k=1}^{m} \ln p_k < a_2 \sum_{k=2}^{m} \ln k + \ln 2.$$

利用式 (5.27) 及 $m \geqslant 25$, 就推出存在正常数 a_9, a_{10} 使得

$$a_9 (m+1) \ln(m+1) < \sum_{p \leqslant x} \ln p < a_{10} m \ln m,$$

由式 (5.14) 及 $m \geqslant 25$ 推出

$$m \ln m < (6 \ln 2) p_m \leqslant (6 \ln 2) x$$

及

$$(m+1) \ln(m+1) > (\ln 2/8) p_{m+1} > (\ln 2/8) x,$$

由以上三式就推出式 (5.29). 最后来证式 (5.30). 由式 (5.14) 及 (5.32) 知, 存在正常数 a_{11}, a_{12} 使得

$$\frac{a_{11}}{n} < \frac{\ln p_n}{p_n} < \frac{a_{12}}{n}, \quad n \geqslant 1.$$

因此

$$a_{11} \sum_{k=1}^{m} \frac{1}{k} < \sum_{p \leqslant x} \frac{\ln p}{p} = \sum_{k=1}^{m} \frac{\ln p_k}{p_k} < a_{12} \sum_{k=1}^{m} \frac{1}{k}.$$

由此及

$$\ln(m+1) = \int_1^{m+1} t^{-1} \mathrm{d}t < \sum_{k=1}^{m} \frac{1}{k} < 1 + \int_1^m t^{-1} \mathrm{d}t = 1 + \ln m$$

得到

$$a_{11} \ln(m+1) < \sum_{p \leqslant x} (\ln p)/p < 2a_{12} \ln m.$$

由式 (5.32) 可得

$$\ln m < a_1^{-1} \ln p_m < a_1^{-1} \ln x,$$

$$\ln(m+1) > a_2^{-1} \ln p_{m+1} > a_2^{-1} \ln x.$$

由以上三式就推出式 (5.30). □

5.4 素数定理的等价命题

为了证明素数定理, Chebyshev 引进了两个重要函数来代替 $\pi(x)$, 它们是

$$\theta(x) = \sum_{p \leqslant x} \ln p, \tag{5.34}$$

$$\Psi(x) = \sum_{n \leqslant x} \Lambda(n), \tag{5.35}$$

其中 $\Lambda(n)$ 定义为

$$\Lambda(n)=\begin{cases}\ln p, & n=p^{\alpha}, p \text{ 是素数}, \alpha\geqslant 1,\\ 0, & \text{其他}.\end{cases} \tag{5.36}$$

通常称 Λ 为 Mangoldt 函数. 这两个函数讨论起来要比 $\pi(x)$ 方便得多. 我们先来证明一个定理说明三个函数的关系.

定理 5.16 设 $x\geqslant 2$, 那么存在正常数 c, 使得

$$(\ln x-c)\pi(x)<\theta(x)<(\ln x)\pi(x) \tag{5.37}$$

及

$$\theta(x)\leqslant\Psi(x)\leqslant\theta(x)+x^{\frac{1}{2}}\ln x. \tag{5.38}$$

证明 先来证式 (5.37). 我们有

$$\begin{aligned}\theta(x)&=\sum_{p\leqslant x}\ln p=\sum_{k\leqslant x}\ln k(\pi(k)-\pi(k-1))\\&=-\sum_{k=2}^{[x]-1}\pi(k)(\ln(k+1)-\ln k)+\pi([x])\ln[x].\end{aligned}$$

由 $\dfrac{s}{1+s}\leqslant\ln(1+s)=\displaystyle\int_0^s\frac{\mathrm{d}t}{1+t}\leqslant s$ 得

$$\frac{1}{y+1}<-\ln\left(1-\frac{1}{y+1}\right)=\ln\left(1+\frac{1}{y}\right)<\frac{1}{y},\quad y\geqslant 1, \tag{5.39}$$

由此得

$$\pi(x)\ln[x]-\sum_{k=2}^{[x]-1}\frac{\pi(k)}{k}<\theta(x)<\pi(x)\ln x-\sum_{k=2}^{[x]-1}\frac{\pi(k)}{k+1}.$$

由 Chebyshev 不等式得

$$\begin{aligned}\sum_{k=2}^{[x]-1}\frac{\pi(k)}{k}&<a_1\sum_{k=2}^{[x]-1}\frac{1}{\ln k}<\frac{a_1}{\ln 2}+a_1\int_2^x\frac{\mathrm{d}t}{\ln t}\\&=\frac{a_1}{\ln 2}+a_1\left\{\int_2^{\sqrt{x}}\frac{\mathrm{d}t}{\ln t}+\int_{\sqrt{x}}^x\frac{\mathrm{d}t}{\ln t}\right\}\\&<\frac{a_1}{\ln 2}+\frac{a_1}{\ln 2}\sqrt{x}+a_1\frac{x}{\ln x}<a_2\pi(x).\end{aligned}$$

最后一步用到了 $\sqrt{x} < \dfrac{x}{\ln x}$ (为什么?), 这里 a_1, a_2 是正常数. 此外

$$\begin{aligned}\ln[x] > \ln(x-1) &= \ln x + \ln\left(1 - \frac{1}{x}\right) \\ &> \ln x - \frac{1}{x-1}.\end{aligned}$$

由以上三式即得式 (5.37).

下面来证式 (5.38). 我们知道

$$\Psi(x) = \sum_{n \leqslant x} \Lambda(n) = \sum_{p^\alpha \leqslant x} \ln p,$$

右边是在对素变数 p, 以及整变数 a 满足条件 $p^\alpha \leqslant x$ 的范围上求和. 显见, 对固定的 p, a 的求和范围是 $1 \leqslant a \leqslant \dfrac{\ln x}{\ln p}$, 所以有 $\left(记\ a_p = \dfrac{\ln x}{\ln p}\right)$.

$$\begin{aligned}\Psi(x) &= \sum_{p \leqslant x} \ln p + \sum_{p^a \leqslant x; a \geqslant 2} \ln p \\ &= \theta(x) + \sum_{p \leqslant \sqrt{x}} \ln p \sum_{2 \leqslant a \leqslant a_p} 1 \\ &\leqslant \theta(x) + \sum_{p \leqslant \sqrt{x}} \ln p \cdot \frac{\ln x}{\ln p} \\ &\leqslant \theta(x) + x^{\frac{1}{2}} \ln x.\end{aligned}$$

由此就推出式 (5.38). □

定理 5.17 表明了为什么引入 $\theta(x)$ 和 $\Psi(x)$ 来代替 $\pi(x)$ 研究素数的分布, 总体来说, 就是

定理 5.17　设 $x \geqslant 2$,

(I) 以下三个命题等价:

(1) 存在正常数 d_1, d_2 使得

$$\frac{d_1 x}{\ln x} < \pi(x) < \frac{d_2 x}{\ln x}.$$

(2) 存在正常数 d_3, d_4, 使得

$$d_3 x < \theta(x) < d_4 x.$$

(3) 存在正常数 d_5, d_6, 使得

$$d_5 x < \Psi(x) < d_6 x.$$

(II) 以下三个命题等价:

(4)

$$\lim_{x\to\infty} \frac{\pi(x)\ln x}{x} = 1.$$

(5)

$$\lim_{x\to\infty} \frac{\theta(x)}{x} = 1.$$

(6)

$$\lim_{x\to\infty} \frac{\Psi(x)}{x} = 1.$$

5.5 使用 SageMath 进行素数分布相关的计算

SageMath 包含了一些素数分布相关的计算实现, 下面给出部分示例.

例 5.18 使用 `is_prime(n)` 可以判断整数 n 是否是素数, `previous_prime(n)` 和 `next_prime(n)` 分别输出小于 n 的最大素数和大于 n 的最小素数, `nth_prime(n)` 输出第 n 个素数.

```
sage:is_prime(65537)
True
sage:previous_prime(65537)
65521
sage:next_prime(65537)
65539
sage:nth_prime(1000)
7919
```

例 5.19 使用 `prime_range(m,n)` 输出区间 $[m, n)$ 中的素数, `prime_pi(x)` 输出不超过实数 x 的素数个数.

```
sage:prime_range(2021,2121)
[2027, 2029, 2039, 2053, 2063, 2069, 2081, 2083, 2087, 2089,
2099, 2111, 2113]
```

```
sage:prime_pi(10000)
1229
```

习　题　5

1. 对于参数 $x=10^4,10^5,10^6$, 使用计算软件分别计算 $\pi(x)$, 并且与 $\dfrac{x}{\ln x}$, $\mathrm{Li}(x)$ 的值进行比较.

2. 证明:

(1) 形如 $4k-1$ 的整数 n 至少有一个形如 $4k'-1$ 的素因子.

(2) 算术序列 $4k-1$ 中有无穷多素数.

3. 对于参数 $x=10^4,10^5,10^6$, 使用计算软件分别计算 $\pi(x;4,1)$, 并且与 $\dfrac{\mathrm{Li}(x)}{2}$ 的值进行比较.

第 6 章 简单连分数

数的表示是数论研究的一个重要课题, 其中数的连分数表示就是一种非常重要的数的表示方法. 它从一种新的角度来认识数的性质和规律, 并与其他的研究方法结合, 解决了人们对数的认识中的许多难题. 例如, 连分数方法在实数的有理逼近、二次方程求根、解不定方程及同余方程等方面发挥了重要作用, 为数论研究提供了重要思路和方法. 本章将介绍连分数的初步知识, 并重点论述了其在密码学中的应用, 即给出了一种利用连分数攻击 RSA 加密算法的方法.

6.1 简单连分数及其基本性质

6.1 简单连分数及其基本性质

我们把形如

$$a_1+\cfrac{b_1}{a_2+\cfrac{b_2}{a_3+\cfrac{b_3}{a_4+\ddots}}}$$

的表达式叫做连分数. 一般地, 数 $a_1,a_2,a_3,\cdots,b_1,b_2,b_3,\cdots$ 可以是实数或复数, 项数可以有限, 也可以无限. 但在本章中, 我们仅限于讨论**简单连分数**, 即如下形式的连分数

$$a_1+\cfrac{1}{a_2+\cfrac{1}{a_3+\cfrac{1}{a_4+\ddots}}},\tag{6.1}$$

其中 a_1 是整数, $a_2,a_3,a_4,\cdots$ 是正整数. 若项数有限, 则称为**有限简单连分数**; 否则, 称为**无限简单连分数**. 为书写方便, 常用符号 $[a_1,a_2,\cdots,a_k,\cdots]$ 来表示简单连分数.

定义 6.1 称

$$[a_1,a_2,\cdots,a_k]=a_1+\cfrac{1}{a_2+\cfrac{1}{a_3+\cfrac{1}{\ddots+\cfrac{1}{a_k}}}}\quad(k\geqslant 1)$$

为简单连分数 $[a_1,a_2,\cdots,a_k,\cdots]$ 的第 k 个渐近分数.

此概念对于有限或无限简单连分数都是以同一方式确定的, 不同的是, 有限简单连分数只有有限个渐近分数, 而无限简单连分数的渐近分数形成无穷集合. 记

$$[a_1,a_2,\cdots,a_k]=\frac{p_k}{q_k},$$

则由定义可知 $\frac{p_k}{q_k}$ 是 $a_1,a_2,\cdots,a_k$ 的函数, 易见

$$\frac{p_1}{q_1}=\frac{a_1}{1},\quad \frac{p_2}{q_2}=\frac{a_2a_1+1}{a_2},\quad \frac{p_3}{q_3}=\frac{a_3(a_2a_1+1)+a_1}{a_3a_2+1}.$$

更一般地, 我们有

定理 6.2 若 $\frac{p_1}{q_1},\frac{p_2}{q_2},\cdots,\frac{p_k}{q_k},\cdots$ 是简单连分数 $[a_1,a_2,\cdots,a_k,\cdots]$ 的渐近分数, 则这些渐近分数的分子、分母满足如下递推关系式

$$p_1=a_1,\quad p_2=a_2a_1+1,\quad p_k=a_kp_{k-1}+p_{k-2},$$

$$q_1=1,\quad q_2=a_2,\quad q_k=a_kq_{k-1}+q_{k-2},\quad k\geqslant 3.$$

证明 对 k 进行归纳. 当 $k=1,2,3$ 时, 命题显然成立. 假定对小于 k 的正整数结论成立, 则

$$\begin{aligned}\frac{p_k}{q_k}&=[a_1,a_2,\cdots,a_{k-1},a_k]=\left[a_1,a_2,\cdots,a_{k-1}+\frac{1}{a_k}\right]\\&=\frac{\left(a_{k-1}+\frac{1}{a_k}\right)p_{k-2}+p_{k-3}}{\left(a_{k-1}+\frac{1}{a_k}\right)q_{k-2}+q_{k-3}}=\frac{a_k(a_{k-1}p_{k-2}+p_{k-3})+p_{k-2}}{a_k(a_{k-1}q_{k-2}+q_{k-3})+q_{k-2}}.\end{aligned}$$

由归纳假设 $p_{k-1}=a_{k-1}p_{k-2}+p_{k-3},q_{k-1}=a_{k-1}q_{k-2}+q_{k-3}$, 代入上式得

$$p_k=a_kp_{k-1}+p_{k-2},q_k=a_kq_{k-1}+q_{k-2}.$$

定理得证. □

定理 6.3 若简单连分数 $[a_1,a_2,\cdots,a_k,\cdots]$ 的第 k 个渐近分数是 $\frac{p_k}{q_k},k=1,2,\cdots,n,\cdots$, 下列两关系式成立:

$$p_kq_{k-1}-p_{k-1}q_k=(-1)^k\quad(k\geqslant 2),$$

$$p_kq_{k-2}-p_{k-2}q_k=(-1)^{k-1}a_k\quad(k\geqslant 3).$$

证明 对 k 进行归纳. 当 $k=2$ 时, 有

$$p_2q_1-p_1q_2=(a_2a_1+1)-a_1a_2=1=(-1)^2,$$

假定 $p_{k-1}q_{k-2}-p_{k-2}q_{k-1}=(-1)^{k-1}$, 则由定理 6.2, 得

$$\begin{aligned}p_kq_{k-1}-p_{k-1}q_k&=(a_kp_{k-1}+p_{k-2})q_{k-1}-p_{k-1}(a_kq_{k-1}+q_{k-2})\\&=p_{k-2}q_{k-1}-p_{k-1}q_{k-2}=-(-1)^{k-1}=(-1)^k.\end{aligned}$$

故第一式成立.

由第一式及定理 6.2, 有

$$\begin{aligned}p_kq_{k-2}-p_{k-2}q_k&=(a_kp_{k-1}+p_{k-2})q_{k-2}-p_{k-2}(a_kq_{k-1}+q_{k-2})\\&=a_k(p_{k-1}q_{k-2}-p_{k-2}q_{k-1})=(-1)^{k-1}a_k.\end{aligned}$$

定理得证. □

推论 6.4 $\dfrac{p_k}{q_k},k=1,2,\cdots$ 是既约分数且

$$\frac{p_k}{q_k}-\frac{p_{k-1}}{q_{k-1}}=\frac{(-1)^k}{q_kq_{k-1}}\quad(k\geqslant 2),$$

$$\frac{p_k}{q_k}-\frac{p_{k-2}}{q_{k-2}}=\frac{(-1)^{k-1}a_k}{q_kq_{k-2}}\quad(k\geqslant 3).$$

注 公式 (6.1) 中的 a_i 为实数 (甚至复数) 时, 定理 6.2 与定理 6.3 所述公式仍然成立.

由定理 6.2, 不难归纳得到 q_k 的下界估计.

定理 6.5 当 $k\geqslant 3$ 时, $q_k\geqslant 2^{\frac{k-1}{2}}$.

又由 q_1,q_2 的定义可知, 对任意 $k\geqslant 1,q_k\geqslant k-1$, 再结合推论 6.4, 易得

$$\frac{p_{2(k-1)}}{q_{2(k-1)}}>\frac{p_{2k}}{q_{2k}},\quad\frac{p_{2k+1}}{q_{2k+1}}>\frac{p_{2k-1}}{q_{2k-1}},\quad\frac{p_{2k}}{q_{2k}}>\frac{p_{2k-1}}{q_{2k-1}}.$$

对无限简单连分数, 若当 $k\to\infty$ 时, $\dfrac{p_k}{q_k}$ 存在极限, 则定义该极限为连分数的值. 下面得到本节的主要定理.

定理 6.6 每一简单连分数是一个实数.

证明　显然每一有限简单连分数表示一个有理数. 只需考虑无限简单连分数的情况. 设

$$[a_1, a_2, \cdots, a_k, \cdots]$$

为任一无限简单连分数, $\dfrac{p_k}{q_k}, k = 1, 2, \cdots$ 是它的渐近分数. 由以上讨论知

$$\frac{p_1}{q_1}, \frac{p_3}{q_3}, \cdots, \frac{p_{2k-1}}{q_{2k-1}}, \cdots$$

是一个有界递增数列,

$$\frac{p_2}{q_2}, \frac{p_4}{q_4}, \cdots, \frac{p_{2k}}{q_{2k}}, \cdots$$

是一个有界递减数列, 并且由推论 6.4 知

$$0 < \frac{p_{2k}}{q_{2k}} - \frac{p_{2k-1}}{q_{2k-1}} = \frac{1}{q_{2k}q_{2k-1}} \leqslant \frac{1}{(2k-1)(2k-2)} \to 0,$$

因此 $\left[\dfrac{p_{2k-1}}{q_{2k-1}}, \dfrac{p_{2k}}{q_{2k}}\right] (k = 1, 2, \cdots)$ 作成一个闭区间套, 故 $\lim\limits_{k \to \infty} \dfrac{p_k}{q_k}$ 存在, 定理得证. □

例 6.7　求无限简单连分数 $[1, 1, 1, \cdots, 1, \cdots]$ 的值.

解　记 $x = [1, 1, 1, \cdots, 1, \cdots]$, 则

$$x = 1 + \frac{1}{[1, 1, 1, \cdots, 1, \cdots]} = 1 + \frac{1}{x},$$

故 x 适合方程

$$x^2 - x - 1 = 0.$$

又 $x > 0$, 所以

$$x = \frac{1 + \sqrt{5}}{2}.$$

6.2　实数的简单连分数表示

6.2 实数的简单连分数表示

在 6.1 节我们引入了研究连分数的专门术语, 并证明了任一简单连分数表示一个唯一的实数, 为显示连分数在数的表示中的独特优势, 首先需要弄清楚是否每一实数都能用简单连分数唯一表示, 本节从理论上证明了每一个实数基本上都能够唯一表成简单连分数, 并且给出了简单连分数的渐近表示在求无理数的有理逼近中的应用.

定理 6.8 若 α 为任一实数, 则 α 可表为简单连分数且 α 为无理数时, 其简单连分数展式是无限而且唯一的; α 为有理数时, 其简单连分数展式是有限而且在规定展式的最后一项大于 1 时表示是唯一的.

证明 设 α 是一个给定的实数. 若 α 是有理数, 则可设 $\alpha=\dfrac{a}{b},b>0$. 由 Euclid 算法即得

$$\begin{aligned}
\frac{a}{b}&=q_1+\frac{r_1}{b},\quad 0<\frac{r_1}{b}<1,\\
\frac{b}{r_1}&=q_2+\frac{r_2}{r_1},\quad 0<\frac{r_2}{r_1}<1,\ q_2\geqslant 1,\\
&\cdots\cdots\\
\frac{r_{n-2}}{r_{n-1}}&=q_n+\frac{r_n}{r_{n-1}},\quad 0<\frac{r_n}{r_{n-1}}<1,\quad q_n\geqslant 1,\\
\frac{r_{n-1}}{r_n}&=q_{n+1},\quad q_{n+1}>1.
\end{aligned}$$

故

$$\alpha=\frac{a}{b}=[q_1,q_2,\cdots,q_{n+1}],\quad q_{n+1}>1,$$

即每一有理数都可表示成有限简单连分数. 由 Euclid 算法的唯一性及简单连分数的定义可知 $q_1,q_2,\cdots,q_{n+1}$ 是唯一确定的, 故在规定展式的最后一项大于 1 时表示是唯一的, 另一方面, 当 $q_{n+1}>1$ 时,

$$\frac{1}{q_{n+1}}=\frac{1}{(q_{n+1}-1)+\dfrac{1}{1}},$$

这蕴含

$$\alpha=\frac{a}{b}=[q_1,q_2,\cdots,q_{n+1}]=[q_1,q_2,\cdots,q_{n+1}-1,1],$$

所以任一有理数至多有两种简单连分数表示.

若 α 是无理数, 则由 $\alpha=[\alpha]+\{\alpha\},0<\{\alpha\}<1$ 即得

$$\begin{gathered}
\alpha=a_1+\frac{1}{\alpha_1},\ a_1=[\alpha],\ \alpha_1=\frac{1}{\{\alpha\}}>1,\\
\alpha_1=a_2+\frac{1}{\alpha_2},\ a_2=[\alpha_1],\ \alpha_2=\frac{1}{\{\alpha_1\}}>1,\\
\cdots\cdots\\
\alpha_{k-1}=a_k+\frac{1}{\alpha_k},\ a_k=[\alpha_{k-1}],\ \alpha_k=\frac{1}{\{\alpha_{k-1}\}}>1,\\
\cdots\cdots
\end{gathered}$$

故 α 依上述规则可展为一无限简单连分数 $[a_1, a_2, \cdots, a_k, \cdots]$, 由定理 6.6 可知, 此无限简单连分数必收敛于某一实数, 下面证明该实数恰为 α.

由于

$$\alpha = [a_1, \alpha_1] = [a_1, a_2, \alpha_2] = [a_1, a_2, \cdots, a_k, \alpha_k] = \frac{\alpha_k p_k + p_{k-1}}{\alpha_k q_k + q_{k-1}},$$

$$\alpha_k q_k + q_{k-1} > a_{k+1} q_k + q_{k-1} = q_{k+1},$$

所以

$$\left|\alpha - \frac{p_k}{q_k}\right| = \left|\frac{\alpha_k p_k + p_{k-1}}{\alpha_k q_k + q_{k-1}} - \frac{p_k}{q_k}\right| = \left|\frac{(-1)^{k-1}}{q_k(\alpha_k q_k + q_{k-1})}\right| < \frac{1}{q_k q_{k+1}} < \frac{1}{k(k-1)}.$$

故 $\lim\limits_{k\to\infty} \dfrac{p_k}{q_k} = \alpha$, 因此

$$\alpha = [a_1, a_2, \cdots, a_k, \cdots].$$

由简单连分数的定义, 不难证明该无限简单连分数是唯一的. 定理得证. □

例 6.9 用简单连分数表示 $\alpha = \sqrt{8}$.

解

$$a_1 = [\alpha] = 2, \quad \alpha_1 = \frac{1}{\sqrt{8}-2} = \frac{\sqrt{8}+2}{4},$$

$$a_2 = [\alpha_1] = 1, \quad \alpha_2 = \frac{1}{\dfrac{\sqrt{8}+2}{4} - 1} = \sqrt{8}+2,$$

$$a_3 = [\alpha_2] = 4, \quad \alpha_3 = \frac{1}{\sqrt{8}+2-4} = \frac{\sqrt{8}+2}{4},$$

$$\cdots\cdots$$

可见

$$\alpha = \sqrt{8} = [2, 1, 4, 1, 4, \cdots].$$

现在我们介绍连分数在求实数的有理逼近方面的作用, 即

定理 6.10 若 α 是任一实数, $\dfrac{p_k}{q_k}$ 是 α 的第 k 个渐近分数, 则对任意的 $0 < q \leqslant q_k$ 及任意整数 p 有

$$\left|\alpha - \frac{p_k}{q_k}\right| \leqslant \left|\alpha - \frac{p}{q}\right|.$$

故在分母不大于 q_k 的一切有理数中, $\dfrac{p_k}{q_k}$ 是 α 的最好的有理逼近.

证明 若 $\alpha=\dfrac{p_k}{q_k}$, 则定理显然成立. 因此只需讨论 $\alpha\neq\dfrac{p_k}{q_k}$ 的情形. 此时, α 就有第 $k+1$ 个渐近分数 $\dfrac{p_{k+1}}{q_{k+1}}$, 我们不妨假定 $\dfrac{p_k}{q_k}<\dfrac{p_{k+1}}{q_{k+1}}$ $\left(\dfrac{p_{k+1}}{q_{k+1}}<\dfrac{p_k}{q_k}\right.$ 可类似讨论$\left.\right)$.

由定理 6.6, 定理 6.8 及 $\dfrac{p_k}{q_k}<\dfrac{p_{k+1}}{q_{k+1}}$ 得

$$\frac{p_k}{q_k}<\alpha\leqslant\frac{p_{k+1}}{q_{k+1}}.$$

若 $\dfrac{p}{q}\leqslant\dfrac{p_k}{q_k}$, 则结论显然成立. 若 $\dfrac{p_{k+1}}{q_{k+1}}<\dfrac{p}{q}$, 则

$$\left|\alpha-\frac{p}{q}\right|\geqslant\left|\frac{p_{k+1}}{q_{k+1}}-\frac{p}{q}\right|\geqslant\frac{1}{qq_{k+1}}\geqslant\frac{1}{q_kq_{k+1}},$$

故由定理 6.8 的证明过程可知

$$\left|\alpha-\frac{p_k}{q_k}\right|<\frac{1}{q_kq_{k+1}}<\left|\alpha-\frac{p}{q}\right|.$$

所以我们只需证明: $0<q\leqslant q_k$ 时,

$$\frac{p}{q}\leqslant\frac{p_k}{q_k}\quad\text{或者}\quad\frac{p_{k+1}}{q_{k+1}}<\frac{p}{q}.$$

反设 $\dfrac{p_k}{q_k}<\dfrac{p}{q}\leqslant\dfrac{p_{k+1}}{q_{k+1}}$. 由于 $\dfrac{p_{k+1}}{q_{k+1}}$ 是既约分数, 而 $q\leqslant q_k<q_{k+1}$, 故 $\dfrac{p_k}{q_k}<\dfrac{p}{q}<\dfrac{p_{k+1}}{q_{k+1}}$. 因此

$$\frac{p}{q}-\frac{p_k}{q_k}=\frac{pq_k-qp_k}{qq_k}\geqslant\frac{1}{qq_k},\quad\frac{p_{k+1}}{q_{k+1}}-\frac{p}{q}\geqslant\frac{1}{q_{k+1}q},$$

因为 $pq_k-qp_k>0$, $p_{k+1}q-q_{k+1}p>0$, 由 $q_{k+1}+q_k>q$ 即得

$$\frac{p_{k+1}}{q_{k+1}}-\frac{p_k}{q_k}\geqslant\frac{q_{k+1}+q_k}{qq_kq_{k+1}}>\frac{1}{q_kq_{k+1}}.$$

这与推论 6.4 矛盾. 定理得证. □

例 6.11 求 $\sqrt{13}+1$ 的精确到小数点后四位的有理近似值.

解 由计算可知 $\sqrt{13}+1=[4,1,1,1,1,6,1,1,1,1,6,\cdots]$, 因此可得若干近似值

$$4,5,\frac{9}{2},\frac{14}{3},\frac{23}{5},\frac{152}{33},\frac{175}{38},\frac{327}{71},\frac{502}{109},\frac{829}{180},\cdots.$$

由定理 6.10 的证明过程中不等式

$$\left|\alpha-\frac{p_k}{q_k}\right|<\frac{1}{q_kq_{k+1}},$$

可知

$$\left|\sqrt{13}+1-\frac{502}{109}\right|<\frac{1}{109\times 180}<\frac{1}{10^4},$$

故 $\frac{502}{109}$ 即为所求.

基于以上定理, 我们有

定理 6.12 *若 α 是任一实数, 则在 α 的连续两个渐近分数中至少有一个满足*

$$\left|\alpha-\frac{p}{q}\right|<\frac{1}{2q^2}.$$

证明 由定理 6.10, 不妨假设 $\frac{p_k}{q_k}<\alpha\leqslant\frac{p_{k+1}}{q_{k+1}}$, 则

$$\frac{p_{k+1}}{q_{k+1}}-\frac{p_k}{q_k}=\left(\frac{p_{k+1}}{q_{k+1}}-\alpha\right)+\left(\alpha-\frac{p_k}{q_k}\right).$$

若定理不成立, 则 $\frac{p_{k+1}}{q_{k+1}}-\alpha\geqslant\frac{1}{2q_{k+1}^2},\alpha-\frac{p_k}{q_k}\geqslant\frac{1}{2q_k^2}$, 故

$$\frac{1}{q_{k+1}q_k}=\frac{p_{k+1}}{q_{k+1}}-\frac{p_k}{q_k}\geqslant\frac{1}{2q_{k+1}^2}+\frac{1}{2q_k^2},$$

即 $(q_{k+1}-q_k)^2\leqslant 0$, 这不可能, 定理得证. □

相反地, 我们可以证明

定理 6.13 *若 α 是任一实数, 有理数 $\frac{p}{q}$ 适合*

$$\left|\alpha-\frac{p}{q}\right|<\frac{1}{2q^2}.$$

则 $\frac{p}{q}$ 必为 α 的某一渐近分数.

证明过程留给读者.

6.3 连分数在密码学中的应用—— 对 RSA 算法的低解密指数攻击

本节中主要介绍简单连分数在 RSA 公钥密码算法安全性分析中的应用, 即利用前几节介绍的连分数基本知识和定理, 给出对低解密指数的 RSA 算法的攻击. 首先介绍一下 RSA 公钥密码算法.

6.3 连分数在密码学中的应用——对RSA算法的低解密指数攻击

6.3.1 RSA 公钥密码算法介绍

Rivest, Shamir 和 Aldeman 于 1977 年提出了 RSA 公钥密码算法[14], 而 RSA 正是这三人的姓氏首字母, 该算法是目前使用最广泛的公钥加密算法之一.

首先, 描述 RSA 加密算法的密钥生成过程: 随机生成两个大素数 p 和 q (通常 p 与 q 的二进制长度相同), $N = pq$ 称为 RSA 模. 计算 N 的 Euler 函数 $\varphi(N) := (p-1)(q-1)$. 随机选取整数 e, $1 < e < \varphi(N)$, 满足 $\gcd(e, \varphi(N)) = 1$. 通过扩展 Euclid 算法计算 d, 满足 $ed \equiv 1 \pmod{\varphi(N)}$, $1 < d < \varphi(N)$. 公开 (N, e), 保密 d, p, q. 也就是说, RSA 加密体制的公钥为 (N, e), 私钥为 d.

如果用户 B 想发送消息 m 的密文给用户 A, 首先利用 A 的公钥计算 $C = m^e \pmod N$, 然后将密文 C 发送给用户 A. 用户 A 收到密文后, 利用私钥 d 进行解密运算 $m = C^d \pmod N$.

解密成功的原理 由公钥 e 和私钥 d 满足 RSA 方程 $ed \equiv 1 \pmod{\varphi(N)}$ 知, 存在整数 k, 满足等式 $ed = 1 + k\varphi(N)$. 设 $m \in \mathbb{Z}_N^*$, 由 Euler 定理知

$$C^d \equiv m^{ed} \equiv m^{1+k\varphi(N)} \equiv m \pmod N.$$

6.3.2 连分数方法攻击 RSA

为了提高 RSA 的解密速度, 一种有效的方法是选取小的解密指数 d. 例如智能卡与大型计算机 (服务器) 之间通信时, 由于智能卡自身计算能力的限制, 智能卡通常选取小的解密指数 d, 而大型计算机 (服务器) 则使用大的加密指数 e. Weiner[15] 首次提出利用连分数方法可以攻击小解密指数的 RSA, 即当 $d < \frac{1}{3}N^{\frac{1}{4}}$, 可以分解 RSA 模 N.

下面介绍 Weiner 的分析方法. 首先假设 RSA 模 N 的两个大素因子 p 和 q 的二进制长度相等, 即 $p < q < 2p$, 可以得到 $p + q < 3\sqrt{N}$. N 的 Euler 函数 $\varphi(N) = N - p - q + 1$ 满足 $N - 3\sqrt{N} < \varphi(N) < N$. 由 RSA 公钥密码算法的密钥生成知: $ed = 1 + k\varphi(N)$.

$$\left|\frac{e}{N}-\frac{k}{d}\right|=\left|\frac{ed-kN}{Nd}\right|=\frac{k(p+q-1)-1}{Nd}.$$

由于 $0<k<d, p+q<3\sqrt{N}$, 所以

$$\left|\frac{e}{N}-\frac{k}{d}\right|<\frac{3}{\sqrt{N}}.$$

如果 $d<\frac{1}{3}N^{\frac{1}{4}}$, 那么

$$\left|\frac{e}{N}-\frac{k}{d}\right|<\frac{1}{2d^2}.$$

根据定理 6.13 知, $\frac{k}{d}$ 是有理数 $\frac{e}{N}$ 的一个渐近分数.

因此, 当 $d<\frac{1}{3}N^{\frac{1}{4}}$, 可以得到一个有效的算法分解 RSA 模 N. 利用 Euclid 算法计算 $\frac{e}{N}$ 的渐近分数 $\frac{k_i}{d_i}$, 对每一个 i, 计算 $T_i=N-\frac{ed_i-1}{k_i}+1$, 判断方程 $x^2-T_ix+N=0$ 是否有正整数解 $p,q>1$, 若不能, 计算下一个渐近分数 $\frac{k_{i+1}}{d_{i+1}}$, 直至分解 N.

6.4　使用 SageMath 进行简单连分数相关的计算

SageMath 包含了一些简单连分数相关的计算, 下面给出部分示例.

例 6.14　使用 `continued_fraction(r)` 可以输出 r 的简单连分数展开.

```
sage:continued_fraction(355/113)
[3; 7, 16]
sage:continued_fraction(sqrt(8))
[2; 1, 4, 1, 4, 1, 4, 1, 4, 1, 4, 1, 4, 1, 4, 1, 4, 1, 4, 1,
...]
```

例 6.15　使用 `z=continued_fraction(r), z.convergent(k)` 可以输出 r 的第 $k+1$ 个渐近分数.

```
sage:z=continued_fraction(pi); z
[3; 7, 15, 1, 292, 1, 1, 1, 2, 1, 3, 1, 14, 2, 1, 1, 2, 2, 2,
2, ...]
```

```
sage:z.convergent(0)
3
sage:z.convergent(1)
22/7
sage:z.convergent(2)
333/106
sage:z.convergent(3)
355/113
sage:z.convergent(4)
103993/33102
```

习 题 6

1. 求 $\cos 36^\circ$ 的精确到小数点后五位的有理近似值.
2. 试证明定理 6.13.
3. 证明: 用连分数攻击 RSA 算法中迭代次数 i 的最大值不超过 $\frac{1}{2}\log N$.

第 7 章　近世代数基本概念

近世代数 (抽象代数) 研究的主要内容就是代数系统, 即一个非空集合, 在上面定义一种满足一定条件的一种或一种以上的二元运算 (也称代数运算). 本书主要介绍群、环、域三个基本的代数系统. 在这一章中, 主要介绍与三种代数系统密切相关的基本概念、集合之间的映射、二元运算、带有二元运算集合之间的同态映射与同构映射以及等价关系.

7.1　映　　射

7.1—7.2 映射与代数运算

在介绍映射的概念之前, 首先大体回顾有关集合的表示符号与集合的运算. 集合一般用大写字母 $A, B, C, D, \cdots$ 来表示, 集合里的元素一般用小写字母 $a, b, c, d, \cdots$ 来表示. 若 a 是集合 A 的一个元素, 称 a 属于 A, 或 A 包含 a, 记为 $a \in A$. 若 a 不是集合 A 的元素, 称 a 不属于 A 或 A 不包含 a, 记为 $a \notin A$. $\varnothing$ 表示空集, 是任何集合的子集. $B \subset A$ 表示 B 为 A 的子集合, 称为 B 包含于 A. $B \not\subset A$ 表示 B 不是 A 的子集, 称为 B 不包含于 A. $A \cap B$ 表示 A 和 B 的交集. $A \cup B$ 表示 A 和 B 的并集. $\bar{A}$ 表示 A 关于整体集合 I 的补集, 显然 $\bar{A} = I - A$. $2^A = \{B | B \subset A\}$ 表示 A 的所有子集组成的集合, 叫做 A 的幂集.

定义 7.1　设 $A_1, A_2, \cdots, A_n$ 是 n 个集合. 一切从 $A_1, A_2, \cdots, A_n$ 里顺序取出的元素组 $(a_1, a_2, \cdots, a_n), a_i \in A_i$, 所作成的集合叫做集合 $A_1, A_2, \cdots, A_n$ 的加氏积, 记为 $A_1 \times A_2 \times \cdots \times A_n$.

下面给出映射的一般性定义.

定义 7.2　设 A, B 是两个给定的集合. 如果有一个规则 ϕ, 对于 A 的任意元素 a 都能得到一个唯一的 $b \in B$ 与 a 对应, 那么 ϕ 是 A 到 B 的一个映射, 记为 $\phi : A \to B$, 称 A 为映射 ϕ 的定义域, B 叫做 ϕ 的值域, 称 b 是 a 在 ϕ 作用下的象, 称 a 是 b 的一个原象, 记作 $b = \phi(a)$, 并用符号

$$\phi : a \longmapsto b$$

表示.

例 7.3　给定集合 A

$$\begin{aligned} I_A:\ A &\longrightarrow A \\ a &\longmapsto a,\ \forall a \in A \end{aligned}$$

是 A 到 A 的一个映射, 叫做 A 上的恒等映射.

定义 7.4　设 ϕ 和 φ 是 A 到 B 的两个映射. 如果对任意的 $a \in A$ 都有 $\phi(a) = \varphi(a)$, 那么就称映射 ϕ 和 φ 相等.

从定义 7.4 中可以得到一个判断映射不相等的简单方法, 即找到一个 $a \in A$, 使得 $\phi(a) \neq \varphi(a)$.

定义 7.5　ϕ 为集合 A 到集合 B 的映射. 如果对于集合 B 中的每一个元素 b, 都能找到 $a \in A$, 使 $b = \phi(a)$, 则称 ϕ 为集合 A 到集合 B 的**满射**.

如果对于任意 $a_1 \neq a_2$, 有 $\phi(a_1) \neq \phi(a_2)$, 则称 ϕ 为集合 A 到集合 B 的**单射**. 如果 ϕ 既为单射又为满射, 则称 ϕ 为集合 A 到集合 B 的一一映射. 由单射的定义知, ϕ 为单射的另一等价定义 (逆反命题) 是

$$\phi(a_1) = \phi(a_2) \Rightarrow a_1 = a_2.$$

另外, 由一一映射的定义易知: 有限集合与它的真子集之间不可能存在一一映射.

定义 7.6　若有三个集合 A, B, C 和映射 $\phi: A \to B$, $\varphi: B \to C$. 对于任意 $a \in A$, 由 ϕ, φ 确定的 A 到 C 的映射 $\eta: a \longmapsto \varphi(\phi(a))$, 叫做映射 ϕ, φ 的**合成**, 记为 $\eta = \varphi \circ \phi$.

定理 7.7　设 $\phi: A \to B$, $\varphi: B \to C$, $\eta: C \to D$, 则有

(1) $\eta \circ (\varphi \circ \phi) = (\eta \circ \varphi) \circ \phi$;

(2) $I_B \circ \phi = \phi, \phi \circ I_A = \phi$.

证明　(1) 按照映射相等的定义, 易见合成映射 $\eta \circ (\varphi \circ \phi)$ 与 $(\eta \circ \varphi) \circ \phi$ 的定义域和值域相同. 根据映射合成定义, 对于任意 $a \in A$, 我们有以下等式

$$[\eta \circ (\varphi \circ \phi)](a) = \eta[(\varphi \circ \phi)(a)] = \eta[\varphi(\phi(a))] = (\eta \circ \varphi)(\phi(a)) = [(\eta \circ \varphi) \circ \phi(a)].$$

命题得证.

(2) $I_B \circ \phi$ 与 ϕ 的定义域均为 A, 值域均为 B. 并且对于任意的 $a \in A$, 有

$$(I_B \circ \phi)(a) = I_B(\phi(a)) = \phi(a),$$

即 $I_B \circ \phi = \phi$. 同理可证 $\phi \circ I_A = \phi$. □

定理 7.7 说明了映射的合成满足结合律.

定义 7.8 设 $\phi: A \to B$ 是一个映射. 若存在 $\varphi: B \to A$, 使 $\varphi \circ \phi = I_A$, 则说 ϕ 是左可逆映射, φ 叫做 ϕ 的左逆映射. 同样, 若 $\phi \circ \varphi = I_B$, 则说 ϕ 是右可逆, φ 叫做 ϕ 的右逆映射. 当 ϕ 是双侧可逆时, 说 ϕ 是可逆映射.

下面定理提供了判断一个映射为左可逆或右可逆的充要条件.

定理 7.9 给定映射 $\phi: A \to B$.
(1) ϕ 是左可逆的充要条件为 ϕ 是单射;
(2) ϕ 是右可逆的充要条件为 ϕ 是满射.

证明 (1) 必要性: 设 ϕ 是左可逆, 即存在 $\varphi: B \to A$, 使 $\varphi \circ \phi = I_A$. 当 $\phi(a_1) = \phi(a_2)$ 时, 则

$$a_1 = I_A(a_1) = (\varphi \circ \phi)(a_1) = \varphi(\phi(a_1)) = \varphi(\phi(a_2)) = (\varphi \circ \phi)(a_2) = I_A(a_2) = a_2,$$

即 ϕ 是单射.

充分性: 设 ϕ 是 A 到 B 的单射, 取定一个 $a_1 \in A$. 定义 φ_1 如下

$$\varphi_1(b) = \begin{cases} a, & \text{存在 } a \in A \text{ 满足 } \phi(a) = b, \\ a_1, & \text{当 } b \notin \phi(A). \end{cases}$$

则任意 $b \in B, \varphi_1(b)$ 唯一确定, 并且对于任意 $a \in A, (\varphi_1 \circ \phi)(a) = \varphi_1(\phi(a)) = \varphi_1(b) = a$, 即 $\varphi_1 \circ \phi = I_A$.

(2) 必要性: 设 ϕ 是右可逆, 即存在 $\eta: B \to A$ 使 $\phi \circ \eta = I_B$. 下证 ϕ 为满射. 由

$$b = I_B(b) = (\phi \circ \eta)(b) = \phi(\eta(b))$$

知, 对于任意 $b \in B$ 存在 $\eta(b) \in A$ 使 $\phi(\eta(b)) = b$, 故 ϕ 是满射.

充分性: 设 ϕ 是满射, 则对于每一 $b \in B$, 存在一个 $a \in A$, 使 $\phi(a) = b$. 一般情形, 这样的 a 不止一个, 但是, 我们只取定一个, 作 $\varphi_2: b \longmapsto a$, 这是 B 到 A 的一个映射, 并且对于任意 $b \in B$

$$(\phi \circ \varphi_2)(b) = \phi(\varphi_2(b)) = \phi(a) = b,$$

即 $\phi \circ \varphi_2 = I_B$. 故 ϕ 是右可逆. □

推论 7.10 $\phi: A \to B$, 则 ϕ 是可逆映射的充要条件为 ϕ 是一一映射.

若 ϕ 是双射, 则 ϕ 既有左逆映射 φ, 又有右逆映射 η, φ 与 η 有何关系呢? 下面定理说明二者相等.

定理 7.11 设 $\phi: A \to B$, 且 $\varphi \circ \phi = I_A$, $\phi \circ \eta = I_B$, 则 $\varphi = \eta$.

证明 由定理 7.7 可得

$$\varphi = \varphi \circ I_B = \varphi \circ (\phi \circ \eta) = (\varphi \circ \phi) \circ \eta = I_A \circ \eta = \eta.$$

定理得证. □

定义 7.12 一个 A 到 A 的映射叫做 A 的一个变换. 习惯上, 一个 A 到 A 的满射、单射或一一映射叫做 A 的一个**满射变换**、**单射变换**、**一一变换**.

例 7.13 对于我们学过的初等函数, 在其定义域内都为可逆映射, 如 $\varphi(x) = \log x$ 为从 $\mathbb{R}^+$ 到 $\mathbb{R}$ 的映射, 其逆映射为指数运算.

7.2 代 数 运 算

代数系统就是带有代数运算 (或者称为二元运算) 的集合. 有了代数运算, 才可以研究集合关于代数运算的结构, 因此代数运算是代数系重要组成部分. 在这一节我们将利用映射来定义代数运算的概念, 并简单介绍与代数运算有关的几个运算规律, 如结合律、交换律、分配律等.

定义 7.14 设 A, B, C 为三个集合. 我们把一个从 $A \times B$ 到 C 的映射叫做一个从 $A \times B$ 到 C 的**代数运算**, 记为 $\circ$, 对于任意 $\circ: (a, b) \longmapsto c$, 记为 $a \circ b = c$.

例 7.15 $A = \{$所有整数$\}$, $B = \{$所有不等于零的整数$\}$, $D = \{$所有有理数$\}$.

$$\circ: (a, b) \longmapsto \frac{a}{b} = a \circ b$$

是从 $A \times B$ 到 D 的代数运算, 其中 $A \times B$ 是 A 与 B 的加氏积.

如果 $\circ$ 是 $A \times A$ 到 A 的代数运算, 我们就说, 集合 A 对于代数运算 $\circ$ 来说是封闭的, 或者说 $\circ$ 是 A 的代数运算或**二元运算**.

定义 7.16 如果 $\circ$ 是 A 的代数运算, 对于任意 $a, b, c \in A$, 如果 $(a \circ b) \circ c = a \circ (b \circ c)$, 则称代数运算 $\circ$ 适合**结合律**, 记 $a \circ b \circ c = (a \circ b) \circ c = a \circ (b \circ c)$. 如果结合律不成立, 符号 $a \circ b \circ c$ 是没有意义的.

从更一般的情况看, 在 A 中任取 n 个元 $a_1, a_2, \cdots, a_n$, 令 π_i, π_j 是任意两种不改变 $a_1, a_2, \cdots, a_n$ 的先后顺序加括号的方法, 如果 $\pi_i(a_1 \circ a_2 \circ \cdots \circ a_n) = \pi_j(a_1 \circ a_2 \circ \cdots \circ a_n)$, 则用 $a_1 \circ a_2 \circ \cdots \circ a_n$ 来表示这个唯一结果.

下面定理说明结合律的作用.

定理 7.17 假如一个集合 A 的代数运算 $\circ$ 适合结合律, 那么对于 A 的任意 $n(n \geqslant 2)$ 个元 $a_1, a_2, \cdots, a_n$ 来说, 所有的 $\pi_i(a_1 \circ a_2 \circ \cdots \circ a_n)$ 都相等, 因此符号 $a_1 \circ a_2 \circ \cdots \circ a_n$ 就总有意义.

由以上定理可看出, 若结合律成立, 我们就能随时应用 $a_1 \circ a_2 \circ \cdots \circ a_n$ 这一符号, 结合律的重要性也就在于此.

定义 7.18 $\circ$ 为 $A \times A$ 到 D 的代数运算, 如果 $a \circ b = b \circ a$, 则说代数运算 $\circ$ 适合交换律.

定理 7.19 假如一个集合 A 的代数运算 $\circ$ 同时适合结合律和交换律, 那么 $a_1 \circ a_2 \circ \cdots \circ a_n$ 中元素次序可以任意交换.

定理 7.17 和定理 7.19 证明比较简单, 留给读者.

我们已知的许多代数运算都是满足交换律的, 但也有例外, 如 n 阶矩阵及线性变换的乘法. 总之交换律是一个很重要的性质. 最后我们来看一个涉及两个运算的规律, 第一分配律与第二分配律.

定义 7.20 集合 A, B 定义了以下这两个代数运算 $\otimes$ 和 $\oplus$:

(1) $\otimes$ 是一个 $B \times A$ 到 A 的代数运算;

(2) $\oplus$ 是一个 A 的代数运算.

如果对于任意 $b \in B$ 和 $a_1, a_2 \in A$, 下式总成立

$$b \otimes (a_1 \oplus a_2) = (b \otimes a_1) \oplus (b \otimes a_2),$$

则称代数运算 $\otimes$ 和 $\oplus$ 适合**第一分配律**.

定理 7.21 假如 $\oplus$ 适合结合律, 而且 $\otimes$ 和 $\oplus$ 适合第一分配律, 那么对于 B 的任意元素 b, A 的任意 $a_1, a_2, \cdots, a_n$ 有

$$b \otimes (a_1 \oplus a_2 \oplus \cdots \oplus a_n) = (b \otimes a_1) \oplus (b \otimes a_2) \oplus \cdots \oplus (b \otimes a_n).$$

此定理可用归纳法证明, 此处略去, 留作习题. 以上所讨论的为第一分配律, 第二分配律与其类似.

定义 7.22 集合 A, B 定义了以下这两个代数运算 $\otimes$ 和 $\oplus$:
(1) $\otimes$ 是一个 $A\times B$ 到 A 的代数运算;
(2) $\oplus$ 是一个 A 的代数运算.
如果对于任意 $b\in B$ 和 $a_1, a_2\in A$, 下式总成立

$$(a_1\oplus a_2)\otimes b=(a_1\otimes b)\oplus(a_2\otimes b),$$

则称代数运算 $\otimes$ 和 $\oplus$ 适合**第二分配律**.

同样, 我们有下面定理.

定理 7.23 假如 $\oplus$ 适合结合律, 而且 $\otimes$ 和 $\oplus$ 适合第二分配律, 那么对于 B 的任意 b, A 的任意 $a_1, a_2, \cdots, a_n$ 来说,

$$(a_1\oplus a_2\oplus\cdots\oplus a_n)\otimes b=(a_1\otimes b)\oplus(a_2\otimes b)\oplus\cdots\oplus(a\otimes b).$$

7.3 带有运算集合之间的同态映射与同构映射

7.2 节我们讨论了集合 A 上的代数运算, 它是定义 $A\times A$ 到 A 的特殊的映射. 在本节中讨论与代数运算有联系的两种映射: 同态映射与同构映射.

7.3—7.4 同态映射与同构映射、等价关系与分类

定义 7.24 给定两个带有运算的集合 A, B, $\circ$ 为 A 的代数运算, $\cdot$ 为 B 的代数运算, 并且有一个 A 到 B 的映射 ϕ, 如果对于 A 中任意两个元 a_1, a_2 下式总成立

$$\phi(a_1\circ a_2)=\phi(a_1)\cdot\phi(a_2),$$

则称 ϕ 为 A 到 B 的同态映射. 如果 A 到 B 的同态映射 ϕ 同时也是一个满射, 称 ϕ 为同态满射, 记为 $A\sim B$. 如果 ϕ 是一个一一映射, 称 ϕ 为 A 到 B 的同构映射, 此时称 A 与 B 同构, 记为 $A\cong B$.

同构映射不仅反映了两个集合之间的元素是一一对应的, 而且它们的运算结构是完全相同. 若对于代数运算 $\circ$ 与 $\cdot$ 来说, A 和 B 同构, 那么对于代数运算 $\circ$ 与 $\cdot$ 来说, A 和 B 两个集合, 抽象来看没有什么区别. 若一个集合有一个与这个集合的代数运算有关的性质, 那么另一个集合也有一个完全类似的性质.

定义 7.25 对于同一个 A 上的运算 $\circ$ 来说, 若存在一个 A 到 A 间的同构映射, 称这个映射为 A 的**自同构映射**.

例 7.26 设 $m\in\mathbb{N}$ 是一个奇数, 则 $\mathbb{R}$ 到 $\mathbb{R}$ 的映射 $\phi: x\longmapsto x^m$, 是 $\mathbb{R}$ 的自同构映射.

例 7.27 设模素数 p 的原根为 g, 模 p 的简化剩余类集合 $\mathbb{Z}_p^*$ 上的二元运算定义为模 p 乘法. 定义 $\mathbb{Z}_p^*$ 到 $\mathbb{Z}_{p-1}$ 的映射

$$\begin{aligned} f:\ \mathbb{Z}_p^* &\longrightarrow \mathbb{Z}_{p-1} \\ a &\longmapsto \gamma_{p,g}(a), \end{aligned}$$

则 f 为同构映射.

7.4 等价关系与分类

在前面数论的学习中知道, 给定一个模 n 剩余类, 实际上是给定了整数的一个分类. 对于一般的集合有时也要对其进行分类. 集合的分类与等价关系的概念有密切联系. 首先我们来看一下二元关系的概念.

定义 7.28 $A\times B$ 的子集 R 叫做 A, B 间的一个二元关系. 当 $(a,b)\in R$ 时, 说 a 与 b 具有关系, 记为 aRb; 当 $(a,b)\notin R$ 时, 说 a 与 b 不具有关系, 记为 $aR'b$. $A\times A$ 的任何一个子集合 R 称为集合 A 上的一个二元关系.

等价关系是一种特殊的二元关系, 我们用 "$\sim$" 来表示.

定义 7.29 若 $R\subseteq A\times A$, 且 R 满足如下条件:

(1) 自反性: $(a,a)\in R$;

(2) 对称性: $(a,b)\in R$, 则 $(b,a)\in R$;

(3) 传递性: $(a,b)\in R, (b,c)\in R$, 则 $(a,c)\in R$,

那么我们称 R 为一个**等价关系**.

如果 R 为一个等价关系, 若 $(a,b)\in R$, 则称 a 与 b 等价, 记为 $a\sim b$. 若已知 R 是 A 上的一个等价关系, 集合 $\bar{x}=\{y|y\in A, (x,y)\in R\}$ 称为由 x 决定的**等价类**.

性质 1 R 是 A 上的一个等价关系, 任意 $x, y\in A$, 有

$$\bar{x}=\bar{y} \quad 或者 \quad \bar{x}\cap\bar{y}=\varnothing.$$

该性质的证明留作习题.

定义 7.30 如果 $\{B_i, i\in I\}$ 为一个 A 的子集的集合, 满足下列两个条件:

(1) $A=\bigcup\limits_{i\in I} B_i$;

(2) $B_i\cap B_j=\varnothing, \forall i, j\in I$,

称 $\{B_i, i\in I\}$ 为集合 A 的一个分类.

分类与等价关系之间存在以下结论.

定理 7.31 给定集合 A 的一个分类决定 A 的一个等价关系; 反之给定集合 A 的一个等价关系 $\sim$ 决定 A 的一个分类.

证明 (1) 给定集合 A 的一个分类 $\{B_i, i \in I\}$, 下面我们利用这个分类定义下面关系:

$$a \sim b \Leftrightarrow a, b \in B_i,$$

其中 B_i 为 A 的分类中的某个子集. 容易看出 $\sim$ 是一个等价关系.

(2) 给定集合的一个 $\sim$ 等价关系, 可得到一个等价类的集合 $\{\bar{a}, a \in A\}$, 由性质 1 知 $\{\bar{a}, a \in A\}$ 为 A 的一个分类. 定理得证. □

例 7.32 同余关系是一种等价关系, 即给定模 m, 关于模 m 同余关系 "$\equiv$" 满足等价关系的三个条件.

习 题 7

1. 设 $A = \bigcup\limits_{i=1}^{\infty} A_i$, 证明: 存在 A_i 的子集 $B_i, i = 1, 2, \cdots$, 使 $A = \bigcup\limits_{i=1}^{\infty} B_i$, 并对任意 $i \neq j$, 均有 $B_i \cap B_j = \varnothing$.

2. $A =$\{所有实数\}, 并定义了两个运算 $\circ, \cdot$:

$$a \circ b = a + 2b,$$

$$a \cdot b = a - b.$$

验证这两个代数运算是否满足结合律、交换律.

3. 设 $A = \{a, b, c\}$, 试构造 A 上的二元运算.

4. 设 R_1, R_2 是 A 的两个等价关系, $R_1 \cap R_2$ 是不是 A 的二元关系? 是不是等价关系? 为什么? $R_1 \cup R_2$ 是不是 A 的二元关系?

5. 证明 $f : a \longmapsto a^k, (k, p-1) = 1$ 为 $\mathbb{Z}_p^*$ 上的自同构映射.

6. 设 $A =$ \{所有有理数\}, A 的代数运算为普通加法. $A' =$\{所有不为零的有理数\}, A' 的代数运算为普通乘法. 证明 A 与 A' 间不存在同构映射 (先确定 0 的象).

7. 假如一个关系 R 具有对称性和传递性, 那么它也具有自反性. 推论方法是: 因为 R 具有对称性, $aRb \Rightarrow bRa$; 因为 R 具有传递性, $aRb, bRa \Rightarrow aRa$. 这个推论方法有什么错误?

第 8 章　群　论

前面我们介绍了近世代数的一些基本概念, 有了这些初步的准备, 这一章我们来介绍含有一个代数运算的代数系统—— 群. 群是近世代数的一个重要研究内容, 而且, 在密码学, 特别在公钥密码学中, 群也有着非常重要的应用. 本章主要给出了群、循环群、子群的概念及其相关性质, 并介绍了研究群的重要工具—— 同态基本定理.

8.1　群 的 定 义

8.1　群的定义

我们首先介绍群的概念.

定义 8.1　设 G 是一个非空集合, 在 G 上定义了一个二元运算 $\circ$, 若 $\circ$ 满足下面条件, 则称 G 为一个群.

(1) 对于任意的 $a,b,c\in G$, 有

$$(a\circ b)\circ c=a\circ(b\circ c);$$

(2) 在 G 中存在一个元素 e, 它对 G 中的任意元素 g, 有

$$e\circ g=g\circ e=g;$$

(3) 对 G 中任意元素 g 都存在 G 中的一个元素 g' 使

$$g\circ g'=g'\circ g=e.$$

容易得到群 G 里对所有的 $g\in G$ 都有 $e\circ g=g\circ e=g$ 的 e 是唯一的, 称这个元素为群 G 的单位元素. 对于 $g\in G$ 具有性质 $g\circ g'=g'\circ g=e$ 的元素 g' 是唯一的, 称这个元素为 g 的逆元素, 记为 g^{-1}.

群只含有一种代数运算, 这个代数运算一般用符号 $\circ$ 或 $\cdot$ 来表示, 有时为了方便也可以直接用普通加法或乘法符号来表示, 或者省略运算符号, 仅写为 ab, 所以有时就把这种代数运算叫做乘法.

定义了群之后, 来看几个群的例子.

例 8.2 全体不等于零的有理数对于普通乘法来说作成一个群. 单位元为 1, a 的逆元为 $\frac{1}{a}$.

例 8.3 设 $n \in \mathbb{Z}$, 模 n 剩余类 $\mathbb{Z}_n$ 对于模 n 加法构成一个群.

例 8.4 模 m 的简化剩余系 $\mathbb{Z}_m^*$ 对于模 m 乘法运算构成一个群.

定义 8.5 假如一个群的元素的个数是一个有限整数, 称这个群为**有限群**, 否则, 称这个群为**无限群**. 一个有限群的元素的个数叫做这个**群的阶**, 记为 $|G|$.

从群的定义我们知道群满足结合律, 而对于交换律, 则不一定成立.

定义 8.6 一个群 $(G, \circ)$, 如果任意的 $a, b \in G, a \circ b = b \circ a$, 则这个群称为**交换群** (也称为 **Abel 群**).

还有一个重要概念是利用单位元 e 来定义的.

定义 8.7 给定群 G 的一个元 g, 满足 $g^m = e$ 的最小的正整数 m 叫做 g 的**阶** (或**周期**). 若这样的 m 不存在, 则称 g 的阶为无限.

此处定义的 g 的阶类似于初等数论中定义 g 的指数 $\delta_m(g)$. 在前面的介绍中我们知道指数满足如下性质: 对任给的整数 d, 如果 $g^d \equiv 1 \pmod{m}$, 则 $\delta_m(g)|d$, 在此处元素的阶也有类似的性质.

定理 8.8 设 a 的阶为 m, 则 $a^n = e$ 当且仅当 $m|n$.

证明 设 $m|n$, 则存在整数 k, 使得 $n = mk$. 于是

$$a^n = a^{mk} = (a^m)^k = e^k = e.$$

反之, 设 $a^n = e$, 但 $m \nmid n$, 则 $n = mk + r$, $1 \leqslant r < m$. 于是

$$e = a^n = a^{mk+r} = ea^r = a^r,$$

与 m 是 a 的阶矛盾. □

本质上, 模 m 的既约剩余系关于剩余类的乘法运算就构成一个有限群, 元素的指数即为元素的阶.

例 8.9 设 a, b 是交换群 G 中的元素, a 的阶为 p, b 的阶为 q, 且 p, q 为不同的素数, 则 ab 的阶为 pq.

证明与模 m 的指数性质的证明相似, 留给读者补出.

8.2 循 环 群

8.2 循环群

在 8.1 节中给出了群的定义, 这一节中, 我们介绍一种很重要的群—— 循环群, 并重点研究循环群的结构. 研究群的结构是群论的主要目的. 到目前为止, 仅有少数几类群的结构完全被大家所了解. 而对于多数群的结构, 目前还有待继续研究. 值得说明的是, 本节中我们将代数运算通称为乘法.

定义 8.10 若一个群 G 的每一个元素都是某一固定元素 a 的方幂, 即 $G=\{a^n|n\in\mathbb{Z}\}$, 则称 G 为**循环群**, 我们也称 G 是由元素 a 生成的, 记为 $G=(a)$, a 称为 G 的一个生成元素.

我们先举两个循环群的例子.

例 8.11 $G=(\mathbb{Z},+)$ 是一个循环群, 因为 $G=(1)$.

例 8.12 设 p 是一个素数, 则模 p 的简化剩余系 $(\mathbb{Z}_p^*,\times)$ 构成一个循环群. 模 p 的原根 g 为这个群的一个生成元素.

在介绍循环群的结构之前, 首先给出群同构的概念.

定义 8.13 设 G,G' 是两个群, 如果存在 G 到 G' 的一个映射 $f:G\to G'$, 使得

$$f(ab)=f(a)f(b)$$

对一切 $a,b\in G$ 均成立, 那么就说 f 是 G 到 G' 上的一个同态映射. 如果 f 是 G 到 G' 的满射, 那么就说 f 是满同态, 用符号 $G\sim G'$ 表示, 称 G' 为 f 下的同态象. 如果 G 到 G' 的同态映射 f 是单射, 那么就说 f 是 G 到 G' 的单一同态. 如果这个 f 是群 G 到 G' 的双射, 那么就说 f 是 G 到 G' 的一个同构映射, 此时称这两个群同构, 记为 $G\cong G'$.

通过下列定理可以知道, 所有的循环群只有两类. 而例 8.11 与例 8.12 中两个具体的群即为两类循环群的代表.

定理 8.14 假定 G 是一个由元 a 所生成的循环群. 若 a 的阶无限, 那么 G 与整数加群同构; 若 a 的阶是一个有限整数 n, 那么 G 与模 n 的剩余类加群同构.

证明 如果 a 的阶是无限, 令

$$\begin{aligned}\phi:\quad G &\longrightarrow (\mathbb{Z},+)\\ a^k &\longmapsto k.\end{aligned}$$

首先证明 ϕ 为 G 到 $(\mathbb{Z},+)$ 的映射, 即证明 $a^h = a^k \Rightarrow h = k$. 若 $a^h = a^k$ 而 $h \neq k$, 假定 $h > k$, 则得到 $a^{h-k} = e$, 与 a 的阶无限矛盾. 所以 ϕ 为 G 到整数加群 $(\mathbb{Z},+)$ 之间的映射. 又因为

$$\phi(a^h a^k) = \phi(a^{h+k}) = h + k = \phi(a^h)\phi(a^k),$$

所以 ϕ 是同态映射. 容易得到 ϕ 为一一映射, 故 G 与整数加群 $(\mathbb{Z},+)$ 同构.

如果 a 的阶是一个有限整数 n, 令

$$\begin{aligned} \varphi: \quad G &\longrightarrow (\mathbb{Z}_n,+) \\ a^h &\longmapsto \overline{h}. \end{aligned}$$

下证 φ 为 G 到 $(\mathbb{Z}_n,+)$ 的同构映射. 由剩余类的性质知

$$a^h = a^k \Leftrightarrow h \equiv k \pmod n,$$

因此 φ 是映射并且为单射. 很容易知道 φ 为满射, 所以 φ 为一一映射. 又因为

$$\varphi(a^h a^k) = \varphi(a^{h+k}) = \overline{h+k} = \overline{h} + \overline{k},$$

所以 φ 为 G 与 $(\mathbb{Z}_n,+)$ 的同构映射. 定理得证. □

至此, 我们对循环群的结构问题就完全清楚了. 但是一般的群构造极其复杂, 很难得到像循环群这样的完美结果.

8.3 子群、子群的陪集

集合论中我们学习了子集的概念, 在群论中, 子群是一个很重要的概念.

8.3 子群、子群的陪集

定义 8.15 群 $(G,\circ)$ 的非空子集 H, 若对于 G 的运算作成群, 则说 H 是 G 的一个**子群**. 我们用符号 $H \leqslant G$ 表示.

给定一个任意群 G, 则 G 至少有两个子群 G 和 $\{e\}$, 称这两个子群为平凡子群; 其他的子群, 称为 G 的非平凡子群.

例 8.16 设 $\mathbb{C}^*$ 是除去零元素以外的复数域, $G = \{x|x^m = 1, m \in \mathbb{N}, x \in \mathbb{C}^*\}$, 对于某个固定的正整数 n, $H = \{x|x^n = 1, x \in \mathbb{C}^*\}$ 构成 G 的子群.

子群的定义给出了子群的一个判定方法, 以下介绍一个更简单的判定方法, 而不需要每次验证子集合 H 是否符合群的所有条件.

定理 8.17 *H 为群 G 的非空子集, H 作成 G 的一个子群的充分必要条件: 若 $a,b\in H\Rightarrow ab^{-1}\in H$.*

证明 必要性显然. 我们来证充分性. 因为 H 非空, 所以 H 至少含有一个元素 a, 于是

$$aa^{-1}=e\in H.$$

由 $e,a\in H$ 即得 $ea^{-1}=a^{-1}\in H$. 同理可得, 若 $a,b\in H$, 则 $a^{-1},b^{-1}\in H$, 从而

$$a(b^{-1})^{-1}=ab\in H.$$

这就证明了 H 是一个子群. □

有了子群的概念, 我们讨论循环群的子群的结构.

定理 8.18 *循环群的子群仍为循环群.*

证明 设循环群的一个生成元素是 a. 若子群 H 只有唯一元, 则 H 当然是循环群. 若 $H\neq\{e\}$, 由于 H 非空, 故存在 $a^k\in H,k>0$, 从而 H 含有 a 的某些幂. 令 $A=\{k|k\geqslant 1,k\in\mathbb{Z},a^k\in H\}$, 则 A 不空, 从而有最小者, 设为 r. 任取 $a^l\in H$, 则 $l=qr+s,0\leqslant s<r$. 由 $a^l=(a^r)^qa^s$ 推出 $a^s\in H,s\in A$, 因此可知 $s=0$, 从而对任何 $a^l\in H$, 有 $r|l$, 即 $H=(a^r)$. □

定理 8.19 *若 $G=(a)$ 为 n 阶循环群, 任给 $a^i\in G,0\leqslant i\leqslant n-1$, 循环子群 $H=(a^i)$ 的阶为 $\dfrac{n}{(n,i)}$.*

例 8.20 若 $G=(a)$ 为 n 阶循环群, 则生成元的个数为 $\phi(n)$.

例 8.21 设 $H_i,i\in I$(I 是一个有限或无限的指标集), 都是群 G 的子群, 则 $H=\bigcap\limits_{i\in I}H_i$ 也是群 G 的子群.

证明 因为对任意 $i\in I$, 有 $e\in H_i$, 故 H 不会是空集. 任取 $a,b\in H$, 则对任意 $i\in I$, 有 $a,b\in H_i$. 因为每个 H_i 是子群, 故 ab^{-1} 都在 H_i 中, 即 $ab^{-1}\in H$. 故 H 是一个子群. □

任取群 G 的一个子集合 M, 设 $H_i,i\in I$ 是群 G 中含有 M 的所有子群, 则我们可证明 $H=\bigcap\limits_{i\in I}H_i$ 是含 M 的最小子群. 我们把这样得到的 H 叫做 M **生成的子群**, 用符号 (M) 来表示. 假如 M 是只含一个元的子集, 那么, $H=(M)$ 是一个循环子群.

下面我们引入陪集的概念.

定义 8.22 若 H 是 G 的子群, 对任意 $a \in G$, 称 $aH = \{ah|h \in H\}$ 为子群 H 的一个**左陪集**; 同理, 称 $Ha = \{ha|h \in H\}$ 为子群 H 的一个**右陪集**.

例 8.23 $(\mathbb{Z}, +)$ 为整数加群, $H = \{nk|k \in \mathbb{Z}\}$ 为它的一个子群, 则

$$aH = \{a + b|b \in H\} = \{a + nk|k \in \mathbb{Z}\}$$

为其左陪集, 是模 n 的一个剩余类 $\overline{a}$.

定理 8.24 设 H 为 G 的子群, 任给 H 的左陪集 aH, bH, 则要么 $aH = bH$, 要么 $aH \cap bH = \varnothing$.

证明 若存在 $x \in aH \cap bH$, $x \in G$, 则存在 $h_1, h_2 \in H$, 使 $x = ah_1 = bh_2$. 则任意的 $ah \in aH$, 有

$$ah = ah_1h_1^{-1}h = bh_2h_1^{-1}h = bh' \in bH,$$

故 $aH \subseteq bH$. 同理可证 $aH \supseteq bH$, 所以 $aH = bH$. 定理得证. □

例 8.25 模 6 的剩余类加群 $(\mathbb{Z}_6, +) = \{\bar{0}, \bar{1}, \bar{2}, \bar{3}, \bar{4}, \bar{5}\}$, 它的两个子群为

$$H_2 = \{\bar{0}, \bar{2}, \bar{4}\}, \quad H_3 = \{\bar{0}, \bar{3}\}.$$

H_2 的陪集:

$$\bar{0}H_2 = \bar{2}H_2 = \bar{4}H_2 = H_2, \quad \bar{1}H_2 = \bar{3}H_2 = \bar{5}H_2 = \{\bar{1}, \bar{3}, \bar{5}\}.$$

H_3 的陪集:

$$\bar{0}H_3 = \bar{3}H_3 = H_3, \quad \bar{1}H_3 = \bar{4}H_3 = \{\bar{1}, \bar{4}\}, \quad \bar{2}H_3 = \bar{5}H_3 = \{\bar{2}, \bar{5}\}.$$

定理 8.26 H 是 G 的子群, 则 G 关于子群 H 的左陪集和右陪集的个数一定相等.

证明 设左陪集作成的集合为 S_L, 右陪集作成的集合为 S_R, 作 S_R 到 S_L 的映射

$$\phi : Ha \longmapsto a^{-1}H.$$

下面证明 ϕ 是一个 S_R 到 S_L 的一一映射.

(1) ϕ 是映射, 即相同元素的象相同. 若 $Ha = Hb$, 那么就有 $ab^{-1} \in H$. 因为 H 是子群, 故 $(ab^{-1})^{-1} = ba^{-1} \in H$, 由此可得 $a^{-1}H = b^{-1}H$.

(2) S_L 的任意元 aH 是 S_R 的元 Ha^{-1} 的象, 所以 ϕ 是一个满射.

(3) 若 $Ha \neq Hb$, 那么就有 $ab^{-1} \notin H$. 因为 H 是子群, 故 $(ab^{-1})^{-1} = ba^{-1} \notin H$, 由此可得 $a^{-1}H \neq b^{-1}H$, 所以 ϕ 是一个单射.

从而 ϕ 为 S_R 到 S_L 的一一映射存在. 定理得证. □

由定理 8.24, 子群 G 可以划分成两两不同的左陪集的并, 这就给出了群 G 的一个划分. 容易证明该划分确定了 G 上的如下等价关系: 对于任意的 $a, b \in G$,

$$a \sim b \Leftrightarrow a^{-1}b \in H.$$

定义 8.27 一个群 G 的一个子群 H 的右陪集 (或左陪集) 的个数叫做 H 在 G 里的指数, 记为 $[G:H]$, 其中 $[G:1]$ 表示 G 的阶.

定理 8.28 (Lagrange 定理) 若 H 是一个有限群 G 的子群, 则

$$[G:1] = [G:H][H:1].$$

证明 G 的元被分成 $[G:H]$ 个互不相交的左陪集, 并且每个左陪集的个数等于 $[H:1]$, 所以结论成立. □

定理 8.29 一个有限群 G 的任意一个元 a 的阶 n 都整除 G 的阶.

证明 a 生成一个阶是 n 的子群, 由定理 8.28, n 整除 G 的阶. □

推论 8.30 (Euler 定理) 设 a, m 是两个整数并且 $(a, m) = 1$, 那么

$$a^{\varphi(m)} \equiv 1 \pmod{m},$$

这里 $\varphi(m)$ 是 Euler 函数.

例 8.31 设 G 是 n 阶循环群, $d|n$, 则存在且仅存在一个阶数为 d 的子群.

证明 根据题设, 不妨假设 $G = (a)$, $n = dr$. 容易看出 a^r 的阶为 d. 故 (a^r) 是 G 的阶数为 d 的子群.

假定 H 是 G 的任一阶数为 d 的子群. 由于循环群的子群仍是循环群, 故可设 $H = (a^t)$, 若 $t = r$, 则 $H = (a^r)$; 若 $t \neq r$, 则存在 q, s 使得 $td = rqd + sd$, $0 \leqslant s < r$, 因此我们有 $a^{td} = a^{sd} = e$. 由 $sd < rd = n$ 而 a 的阶为 n, 因此可得 $s = 0$, 即 $t = rq$. 从而

$$a^t = a^{rq} \in (a^r).$$

这说明 $H \subseteq (a^r)$. 但 H 含有 d 个元, (a^r) 也含有 d 个元, 故 $H = (a^r)$, 即 G 只有一个阶数为 d 的子群 (a^r). □

8.4 同态基本定理

在 8.3 节中我们介绍了左、右陪集, 对于 G 的任意子群 H, 左陪集 aH 未必等于右陪集 Ha, 但是有一类 G 的特殊子群, 其左陪集等于右陪集, 我们给这类子群起一个特殊名字—— 不变子群.

8.4 同态基本定理

定义 8.32 设 H 是 G 的一个子群, 如果对任意的 $a \in G$ 都有 $aH = Ha$, 那么就说 H 是 G 的一个**不变子群** (或**正规子群**), 记为 $H \lhd G$.

例 8.33 一个任意群 G 的子群 G 和 e 总是不变子群.

判断 G 的一个子群 H 是不变子群的方法, 除了定义外, 还有以下几种方法.

定理 8.34 设 H 是 G 的子群, 则下面四个条件等价:
(1) H 是 G 的不变子群;
(2) 对于任意的 $a \in G$ 都有 $aHa^{-1} = H$;
(3) 对于任意的 $a \in G$ 都有 $aHa^{-1} \subseteq H$;
(4) 对于任意的 $a \in G$ 和任意的 $h \in H$ 都有 $aha^{-1} \in H$.

证明 (1) $\Rightarrow$ (2). 因 H 是不变子群, 故对于任意 $a \in G$, 有 $aH = Ha$, 于是

$$aHa^{-1} = (aH)a^{-1} = (Ha)a^{-1} = H(aa^{-1}) = He = H.$$

(2) $\Rightarrow$ (3). 显然成立.
(3) $\Rightarrow$ (4). 显然成立.
(4) $\Rightarrow$ (1). 对任意 $h \in H$ 都有 $aha^{-1} \in H$, 即存在 $h_1 \in H$ 使 $aha^{-1} = h_1$ 也就是 $ah = h_1 a$, 由此可得 $aH \subseteq Ha$. 同样可得 $Ha \subseteq aH$. 所以对任意的 $a \in G$ 都有 $aH = Ha$. 从而 H 是 G 的不变子群. □

若 H 是 G 的不变子群, $G/H = \{aH | a \in G\}$ 表示 G 关于 H 的所有陪集的集合, 我们定义 G/H 上的一个二元运算 $\circ$:

$$aH \circ bH = (ab)H.$$

下证 $\circ$ 为二元运算: 若 $aH \circ bH = a'H \circ b'H$, 则存在 $h_1, h_2, h_3, h_4 \in H$,

$$ah_1 = a'h_2, \quad h_3 b = h_4 b',$$

故 $(a')^{-1}ab(b')^{-1} = h_2(h_1)^{-1}(h_3)^{-1}h_4 \in H$, 由不变子群的性质知, 存在 $h \in H$ 使得 $ab = a'hb' = a'b'(h')$. 所以 $abH = a'b'H$, 结论得证.

定义 8.35 整数加群 $(\mathbb{Z},+)$, $H=\{nk|k\in\mathbb{Z}\}$ 为不变子群, H 的陪集

$$aH=\{a+nk|k\in\mathbb{Z}\}=\bar{a}$$

作成模 n 的剩余类加群.

例 8.36 设 H 是 G 的一个子群, 则 H 的任意两个左陪集的乘积仍是一个左陪集当且仅当 H 是 G 的一个不变子群.

证明 充分性显然. 下证必要性: 我们先证 $(aH)(bH)=(ab)H$. 由题设 $(aH)(bH)$ 是一个左陪集, 设为 cH. 由 $ab=(ae)(be)\in(aH)(bH)$, 故 $ab\in cH$, 因此 $abH=cH$. 任取 $h\in H$, 则

$$aha^{-1}=(ah)(a^{-1}e)\in(aH)(a^{-1}H)=(aa^{-1})H=H.$$

于是 H 是 G 的不变子群. □

我们得到下面重要定理.

定理 8.37 设 H 是群 G 的不变子群, 则 $(G/H,\circ)$ 作成一个群.

证明 设 H 是群 G 的不变子群, 容易验证陪集上的运算 $\circ$ 满足结合性、封闭性. eH 是单位元素, xH 的逆元素是 $x^{-1}H$. 所以 $(G/H,\circ)$ 作成一个群. □

定义 8.38 群 G 的不变子群 H 的陪集所作成的群叫做一个**商群**, 记作 G/H.

我们知道, 同态映射是研究群的一个重要工具, 不变子群、商群与同态映射之间也存在着重要的联系.

定理 8.39 一个群 G 同它的每一个商群 G/H 同态.

证明 作一个映射 $\phi: a\longmapsto aH, (a\in G)$, 这显然是 G 到 G/H 的一个满射. 对于任意 $a,b\in G$,

$$\phi(ab)=abH=(aH)(bH)=\phi(a)\phi(b),$$

所以它是一个同态满射. □

在某种意义下, 此定理的逆定理也成立. 为此给出同态核的定义.

定义 8.40 ϕ 是群 G 到群 G' 的同态满射, G' 的单位元 e' 在 ϕ 作用下的逆象为 G 的子集, 该子集称为同态满射 ϕ 的**核**, 记作 $\ker\phi$.

定理 8.41 若 ϕ 是群 G 到群 G' 的同态满射, 那么 $\ker\phi$ 是 G 的不变子群.

证明 令 $\ker\phi = K$. 对于任意 $a, b \in K$, 由 ϕ 是同态映射, 可得

$$\phi(ab^{-1}) = \phi(a)\phi(b)^{-1} = e'e'^{-1} = e',$$

即 K 是一个群. 对于任意 $a \in G, k \in K$,

$$\phi(aka^{-1}) = \phi(a)\phi(k)\phi(a)^{-1} = e'.$$

即 $aka^{-1} \in K$, 因此 K 是 G 的不变子群. □

定理 8.42 若 ϕ 是群 G 到群 G' 的同态满射, 则

$$G/\ker\phi \cong G'.$$

证明 设 $\ker\phi = K$. 作一个从 G/K 到 G' 的对应 φ, 对于 $a \in G, \varphi(aK) = \phi(a)$, 下面我们证明 φ 是一个 G/K 到 G' 的同构映射.

(1) 如果 $aK = bK$, 那么 $b^{-1}a \in K$, 由于 ϕ 是同态映射, 故有

$$\phi(b^{-1}a) = \phi(b)^{-1}\phi(a) = e',$$

这说明 $\varphi(aK) = \varphi(bK)$. 因此我们定义的对应规则 φ 是一个 G/K 到 G' 的映射.

(2) 给定 G' 的一个任意元 a', 在 G 里至少有一个元 a 满足 $\phi(a) = a'$, 由 φ 的定义, 对给定的 G' 的一个任意元 a', aK 为其在 G/K 的原象. 所以 φ 是 G/K 到 G 的满射.

(3) 如果 $aK \neq bK$, 那么

$$\phi(b^{-1}a) = \phi(b)^{-1}\phi(a) \neq e',$$

这说明 $\varphi(aK) \neq \varphi(bK)$. 所以 φ 是 G/K 到 G 的单射.

(4) 在 φ 之下,

$$\varphi(aKbK) = \varphi(abK) = \phi(ab) = \phi(a)\phi(b) = \varphi(aK) \cdot \varphi(bK),$$

所以 φ 是 G/K 到 G 的同态映射.

由上面讨论可知 $G/\ker\phi \cong G$. □

由定理 8.39 和定理 8.42 可以得到下面这个重要定理.

定理 8.43 (同态基本定理) 设 G 是一个群, 则 G 的任意商群都是 G 的同态象. 反之, 若 G' 是 G 的同态象 $G' = f(G)$, 则 $G' \cong G/\ker f$.

最后我们引入同态满射的一个性质, 读者可以自己证明.

定理 8.44 若 ϕ 是群 G 到群 G' 的同态满射, 那么在这个映射下:
(1) 子群 H 的象 H' 是 G' 的一个子群;
(2) 含有 $\ker\phi$ 的不变子群 N 的象 N' 是 G' 的一个不变子群;
(3) G' 的一个子群 H' 的逆象 H 是 G 的一个含有 $\ker\phi$ 的子群;
(4) G' 的一个不变子群 N' 的逆象 N 是 G 的一个含有 $\ker\phi$ 的不变子群.

由上面定理我们可以看到在同态映射下, 含有 $\ker\phi$ 的不变子群与 G' 的子群是一一对应的.

例 8.45 设 f 是 G 到 G' 的满同态, H' 是 G' 的不变子群,

$$H = f^{-1}(H') = \{a | a \in G, f(a) \in H'\},$$

则 H 是 G 的不变子群, 且 $G/H \cong G'/H'$.

证明 由同态基本定理, $G' \sim G'/H'$, 记其同态映射为 ϕ. 又因为 $G \sim G'$, 故 $G \sim G'/H'$, 也就是存在 G 到 G'/H' 同态满射, 不妨将该映射记为 φ. 若能证明 $\ker\varphi = H$, 则由同态基本定理就可推出所要结论. 对于任意的 $a \in G$,

$$\varphi(a) = (\phi \circ f)(a) = \phi(f(a)) = f(a)H',$$

设 $a \in f^{-1}(H')$, 则由 $f(a) \in H'$ 可得 $f(a)H' = H'$, 也就是 $\varphi(a) = H'$, 即 $a \in \ker\varphi$, 亦即 $f^{-1}(H') \subseteq \ker\varphi$.

反之, 设 $a \in \ker\varphi$, 则由 $\varphi(a) = f(a)H' = H'$ 可得 $f(a) \in H'$, 即 $a \in f^{-1}(H')$, 也就是 $f^{-1}(H') \supseteq \ker\varphi$. 因为 $\ker\varphi = H$ 为 G 的不变子群, 由同态基本定理得证 $G/H \cong G'/H'$. □

8.5 有限群的实例

这一节重点结合密码学中的应用, 介绍两个具体的有限交换群的例子. 首先, 我们看一下有限群 $\mathbb{Z}_n^*$.

定理 8.46 $\mathbb{Z}_n^*$ 表示模 n 的既约剩余类集合, 对任意 $\bar{a}, \bar{b} \in \mathbb{Z}_n^*$, 定义乘法

$$\bar{a} \times \bar{b} = \overline{a \times b}.$$

则 $(\mathbb{Z}_n^*, \times)$ 构成一个交换乘群且 $\mathbb{Z}_n^*$ 的阶为 $\phi(n)$.

证明 如果 $\bar{a}=\bar{a'},\bar{b}=\bar{b'}$, 则 $n|a-a'$, $n|b-b'$. 所以

$$n|(a-a')\times b+a'\times(b-b')=a\times b-a'\times b',$$

即 $\overline{a\times b}=\overline{a'\times b'}$. 这说明 $\times$ 是一个二元运算.

显然 $\mathbb{Z}_n^*$ 对运算“×”封闭, 满足结合律, 且 $\bar{1}$ 为单位元. 对每个 $a\in\mathbb{Z}_n^*$, $\bar{a}$ 的逆元是 $\overline{a^{-1}}$, 其中

$$aa^{-1}\equiv 1 \pmod{n}.$$

对于任意 $\bar{a},\bar{b}\in\mathbb{Z}_n^*$,

$$\bar{a}\times\bar{b}=\overline{a\times b}=\overline{b\times a}=\bar{b}\times\bar{a}.$$

$(\mathbb{Z}_n^*,\times)$ 的元素个数为 $\phi(n)$, 由以上证明知 $(\mathbb{Z}_n^*,\times)$ 构成一个有限交换群. □

例 8.47 设 p 为素数, 则模 p 的既约剩余系 $\mathbb{Z}_p^*$ 构成一个循环群. $(\mathbb{Z}_p^*,\times)$ 由模 p 的原根生成.

定义 8.48 椭圆曲线 E 是由标准形式的三次曲线

$$y^2+a_1xy+a_3y=x^3+a_2x^2+a_4x+a_6$$

(系数 a_i 属于域 K) 的所有解 $(x,y)\in K^2$ 的集合, 以及一个无穷远点 $\mathcal{O}$ 组成的.

8.5.1 椭圆曲线基础 (1)

8.5.2 椭圆曲线基础 (2)

对于一般的数域 K, 椭圆曲线可化简成由如下形式表示

$$y^2=x^3+ax+b.$$

定义 8.49 在椭圆曲线 E 上定义加法运算“+”: 设 $P(x_1,y_1),Q(x_2,y_2)\in E$, $\mathcal{O}$ 是椭圆曲线上无穷远点, 则

(1) $P+\mathcal{O}=P$;

(2) 若 $x_1=x_2,y_1=-y_2$, 则 $P+Q=\mathcal{O}$;

(3) 其他情形, $P+Q=(x_3,y_3)$, 其中

$$x_3=\lambda^2-x_1-x_2,\quad y_3=\lambda(x_1-x_3)-y_1,$$

$$\lambda=\begin{cases}\dfrac{y_2-y_1}{x_2-x_1}, & \text{如果}P\neq Q,\\[2mm] \dfrac{3x_1^2+a}{2y_1}, & \text{如果}P=Q.\end{cases}$$

一般情况, 将 $P+P+\cdots+P$ 记为 nP, 且 $0P=\mathcal{O}$.

以上定义的加法运算具有鲜明的几何意义:

(1) 若 $x_1 = x_2$, $y_1 = -y_2$, 此时它们的连线与 x 轴垂直相交, 并与椭圆曲线交于无穷远点 $\mathcal{O}$, 所以 $P + Q = \mathcal{O}$;

(2) 若 $x_1 \neq x_2$, 它们的连线与椭圆曲线交于第三个点 $R = (x_3, y_3)$, 那么 $P + Q + R = \mathcal{O}$;

(3) 若求 $2P$, 只需画出 P 点的切线, 该切线与椭圆曲线的另一个交点 R 满足 $P + P + R = \mathcal{O}$, 则 R 关于 x 轴的对称点即所求 $2P$.

定理 8.50 椭圆曲线上的有理点集合 G 关于加法运算构成交换群.

证明超出本书的讨论范围, 在此略去.

例 8.51 椭圆曲线 E (数域 K 定义为有理数域) 由下列方程定义

$$y^2 + y = x^3 - x^2.$$

设 $P = (1, -1) \in E$, 证明: $\{P, 2P, 3P, 4P, 5P = \mathcal{O}\}$ 构成 E 上的一个有理点群.

解 配方化简方程

$$\left(y + \frac{1}{2}\right)^2 = \left(x - \frac{1}{3}\right)^3 - \frac{x}{3} + \frac{1}{27} + \frac{1}{4}.$$

令 $y' = y + \frac{1}{2}, x' = x - \frac{1}{3}$, 则方程化为

$$y'^2 = x'^3 - \frac{x'}{3} + \frac{19}{108}.$$

$P = (x_1, y_1) = (1, -1)$ 相应于化简后的方程中的点 $P' = \left(\frac{2}{3}, -\frac{1}{2}\right)$, 所以

$$2P' = 2\left(\frac{2}{3}, -\frac{1}{2}\right) = \left(-\frac{1}{3}, -\frac{1}{2}\right).$$

故

$$3P' = 3\left(\frac{2}{3}, -\frac{1}{2}\right) = \left(\frac{2}{3}, -\frac{1}{2}\right) + \left(-\frac{1}{3}, -\frac{1}{2}\right) = \left(-\frac{1}{3}, \frac{1}{2}\right),$$

$$5P' = 3\left(\frac{2}{3}, -\frac{1}{2}\right) + 2\left(\frac{2}{3}, -\frac{1}{2}\right) = \left(-\frac{1}{3}, \frac{1}{2}\right) + \left(-\frac{1}{3}, -\frac{1}{2}\right) = \mathcal{O}.$$

下面我们验证 $4P' \neq \mathcal{O}$. 由

$$4P' = 2(2P') = \left(\frac{2}{3}, \frac{1}{2}\right)$$

知 $4P' \neq \mathcal{O}$. 因此 $\{P, 2P, 3P, 4P, 5P = \mathcal{O}\}$ 构成 E 上的一个有理点群.

8.6 使用 SageMath 进行群论相关的计算

SageMath 包含了一些群论相关的计算实现, 下面给出部分示例.

例 8.52 使用 `Zn = Zmod(n), G = Zn.unit_group()` 可以构造群 $\mathbb{Z}_n^*$, `G.is_abelian()` 输出群 G 是否是交换的, `G.order()` 计算 G 的阶, 对于 $(a,n)=1$, `Zn(a).multiplicative_order()` 计算元素 a 的阶.

```
sage:Zn = Zmod(100)
sage:G = Zn.unit_group()
sage:G.is_abelian()
True
sage:G.order()
40
sage:a = Zn(71)
sage:a.multiplicative_order()
10
```

例 8.53 使用 `G.is_cyclic()` 可以判断群 G 是否是循环群.

```
sage:G1 = Zmod(100).unit_group()
sage:G1.is_cyclic()
False
sage:G2 = Zmod(101).unit_group()
sage:G2.is_cyclic()
True
```

例 8.54 使用 `EllipticCurve(QQ,[a1,a2,a3,a4,a6])` 可以定义有理数域上的椭圆曲线

$$y^2 + a_1xy + a_3y = x^3 + a_2x^2 + a_4x + a_6.$$

```
sage:E = EllipticCurve(QQ,[0,0,0,-1,1]);E
Elliptic Curve defined by y^2=x^3-x+1 over Rational Field
sage:P = E([3,5]); P
(3 : 5 : 1)
sage:Q = E([0,1]); Q
(0 : 1 : 1)
sage:S = P + Q; S
```

```
(-11/9 : 17/27 : 1)
sage:T = 2*P; T
(19/25 : 103/125 : 1)
```

习 题 8

1. 设 G 是有理数域上的 n 阶可逆方阵的集合, 则 G 关于方阵乘法作成一个群.

2. 设 G 是一个群, u 是在 G 中取定的元, 在 G 中规定运算 "$\circ$":

$$a \circ b = au^{-1}b,$$

证明: $(G, \circ)$ 是一个群.

3. 设 U_n 表示 n 次单位根所成的集合, n 是取定的自然数, 即 $U_n = \{e^{2k\pi i/n}, k = 0, 1, \cdots, n-1\}$, 则 U_n 关于数的乘法作成一个循环群.

4. 设 $H \triangleleft G$, 且 $[G : H] = m$, 则对任意 $x \in G$, 均有 $x^m \in H$.

5. 设 S 是群 G 的一个子集, 令

$$C(S) = \{a | a \in G, \forall x \in S : ax = xa\}.$$

则 $C(S)$ 是 G 的一个子群.

6. 设 G 是循环群, 生成元为 a, 即 $G = (a)$, 证明:

(1) 若 a 的阶无限, 则 $G \cong \mathbb{Z}$;

(2) 若 a 的阶为 n, 则 $G \cong U_n$.

7. 设 $H \leqslant K \leqslant G$, 证明:

$$[G : H] = [G : K][K : H].$$

8. 设 A, B 是群 G 的两个有限子群, 则

$$|AB| = \frac{|A||B|}{|A \cap B|}.$$

9. 证明: $f : x \longmapsto x^{-1}$ 是 G 的一个自同构的充要条件是 G 是可换群.

10. 设 A 是 G 的不变子群, B 是 G 的不变子群, 则 $A \cap B, AB$ 都是 G 的不变子群.

11. 设 U 表示一切单位根作成的乘群, 证明 $Q/\mathbb{Z}$ 与 U 同构.

12. 设 G 是一个群, G 的子群只有有限多个. f 是 G 到自身的一个满同态. 证明: f 是 G 的一个自同构.

13. 椭圆曲线 E (数域 K 定义为有理数域) 由下列方程定义

$$y^2 + y - xy = x^3.$$

设 $P = (1, 1) \in E$, 证明: $\{P, 2P, 3P, 4P, 5P, 6P = \mathcal{O}\}$ 构成 E 上的一个有理群.

第 9 章 环 与 域

前面我们讨论了群的基本性质. 现在我们将讨论具有两种运算的代数系——环与域. 环与域的概念对我们来讲并不陌生. 在高等代数里我们已经介绍过环与域的实例整数环、实数域、复数域等. 可见环与域这两个概念的重要性. 在这一章里, 我们将讨论一般的抽象环与域的基本概念及其最基本的性质, 并且分析几种重要的环与域. 环为带两种运算的代数体系, 比群复杂, 但在环论中有关问题的研究及处理问题的方法与群论中有许多相似之处.

9.1 环的定义

我们熟悉的多数群的代数运算习惯上称为乘法. 实际上运算的称呼并不重要, 重要的是群或者其他代数体系关于这种运算的结构与性质. 但是在环中有两种不同结构的运算, 为了区分这两种运算, 需要给出这两种运算的不同称呼. 另外, 环的其中一个运算与我们习惯的数的加法运算结构相似. 因此我们称这个运算为加法运算, 而另外一个运算我们称之为乘法运算.

9.1 环的定义

定义 9.1 一个交换群叫做一个**加群**, 我们把这个群上的代数运算叫做加法, 并且用符号 $+$ 来表示. 有了加法的定义, 相应的许多与符号相关的表示及计算规则的形式也要相应改变.

(1) 由于加群的加法适合结合律, n 个元 $a_1, a_2, \cdots, a_n$ 的和有意义, 这个和我们用符号 $\sum\limits_{i=1}^{n} a_i$ 来表示

$$\sum_{i=1}^{n} a_i = a_1 + a_2 + \cdots + a_n.$$

当 n 是正整数时, na 表示 n 个 a 的和.

(2) 加群的单位元称为**零元**, 记为 0. 显然对于加群中任意元 a, 有

$$0 + a = a + 0 = a.$$

(3) 元素 a 的唯一的逆元用 $-a$ 表示, 叫做 a 的**负元**. 显然 $-(-a) = a$. 将 $a + (-b)$ 简写成 $a - b$, 习惯上称为 a 减 b.

有了负元的定义及“减”的定义, 当 n 为任意整数时, na 就有定义. 特别地, 当 n 为负数时, na 表示 $|n|$ 个 a 的和的逆元. 下列的规定是合理的. 定义整数与加群中的元的乘法:

$$n\cdot a=na,\quad (-n)a=-(na),$$

当 $n=0$ 时, $0a=0$.

注 左边的 0 为整数中的 0, 而右边的 0 为加群中的零元.

在新的符号下, 加群的一个非空子集 S 作成一个子群的充分必要条件是

$$\forall a,b\in S\Rightarrow a-b\in S,$$

有了加群及上述符号的定义, 我们给出环的定义.

定义 9.2 设 R 是一个非空集合, 其上定义两个运算: 加法 $(+)$ 和乘法 $(*)$, 如果这些运算满足

(1) $(R,+)$ 是一个加群;

(2) 乘法封闭且满足结合律, 对任意的 $a,b,c\in R$,

$$a*b\in R,\quad a*(b*c)=(a*b)*c;$$

(3) 乘法对加法满足左右分配律, 对任意的 $a,b,c\in R$,

$$a*(b+c)=a*b+a*c,\quad (b+c)*a=b*a+c*a,$$

那么就称 $(R,+,*)$ 是一个**环**, 并把这个环记为 R.

在环的定义中, 一般地将乘法运算符省略, 即将 $a*b$ 简记为 ab.

在介绍环的其他代数性质之前, 我们先熟悉一下环的关于两种运算的一些运算规律, 这些运算规律表现在整数环中都是大家所熟悉的.

(1) 如果 $a+b=a+c$, 那么 $b=c$;

(2) 对于任意的 $a\in R$, 都有 $0a=a0=0$;

(3) 对于任意的 $a,b\in R$, 都有 $(-a)b=-ab=a(-b)$.

上面性质可由环的定义直接推出.

最后, 我们定义 a 的 n 次方. 环 R 中, a^n 表示

$$a^n=\overbrace{a\cdots a}^{n\text{个}}.$$

显然对于正整数 n,m 有

$$a^na^m=a^{m+n},\quad (a^n)^m=a^{mn}.$$

下面我们通过几个例子熟悉一下环的定义:

例 9.3 全体整数所成集合 $\mathbb{Z}$ 对于数的加法和乘法作成一个环, 称为整数环.

例 9.4 模 n 剩余系对于模 n 加法和模 n 乘法成为一个环.

9.2 整环、域、除环

9.2 整环、域、除环

就像群论一样, 给定群的概念, 讨论满足各种特殊条件的群是极其重要的, 如交换群、循环群等. 同样, 对于环我们也要讨论各种满足特殊性质的各类环的定义. 一般来讲, 环的种类有很多, 我们主要侧重于满足一些常见重要性质的环. 这些重要的特性主要针对环的乘法而言, 如交换律、消去律、存在逆元、存在单位元等, 对应于各种不同的性质, 可以定义各种特殊的环, 如整环、除环、域等.

在介绍这些特殊的环: 整环、除环、域之前, 首先给出与乘法运算有关的一些概念 (即运算规律).

我们考虑的第一个运算规律即乘法的交换律. 在环定义里, 我们没有要求环的乘法适合交换律, 所以在一个环里 ab 未必等于 ba. 但一个环的乘法可能是适合交换律的, 如整数环.

定义 9.5 环 R 叫做**交换环**, 假如对于任意的 $a, b \in R$ 都有 $ab = ba$.

易证, 在一个交换环里, 对于任何正整数 n 以及环的任意两个元 a, b 来说, 都有

$$a^n b^n = (ab)^n.$$

定义 9.6 环 R 的一个元 e 叫做单位元, 假如对于任意的 $a \in R$ 都有 $ea = ae = a$.

一般地, 一个环未必有单位元. 本书仅讨论那些含有单位元的环. 在存在单位元的环中, 单位元在环中往往占有很重要的地位. 如果 R 是含有单位元的环, 则单位元唯一. 因为假设 R 有两个单位元 e 和 e', 那么

$$e = ee' = e'.$$

在含有单位元的环中规定对于任意的 $a \in R$, $a \neq 0$, $a^0 = e$.

例 9.7 若 R 只包括一个 a, 加法和乘法是

$$a + a = a, \quad aa = a,$$

则 R 构成一个环.

一般我们考虑的环 R 至少有两个元. 这时 R 至少有一个不等于零的元 a. 由 $0a = 0 \neq a$ 知, 零元不会是 R 的单位元. 如果环含有单位元, 我们可以相应地定义环中元素的乘法逆元的概念.

定义 9.8 含有单位元的环的一个非零元素 b 叫做元 a 的一个逆元, 假如

$$ab = ba = e.$$

记 a 的逆元为 a^{-1}.

易知如果一个元 $a \in R$ 有逆元, 则逆元唯一. 整数环是一个有单位元的环, 但除了 ± 1 以外, 其他的整数都没有逆元.

消去律对于一个带有运算的集合来讲是一个很重要的性质. 由于环中的乘法消去律与零因子存在密切的关系, 因此在描述消去律之前, 首先给出零因子的概念.

定义 9.9 设 R 是一个环, $a \in R$, $a \neq 0$, 如果存在元素 $b \in R$, $b \neq 0$ 使 $ab = 0$, 则称 a 是这个环的一个**左零因子**, 同样可定义**右零因子**.

一个环若是交换环, 一个左零因子也是一个右零因子. 但在非交换环中, 一个零因子未必同时是左零因子和右零因子. 一个环当然可以没有零因子 (左零因子和右零因子), 比如整数环. 显然在一个没有零因子的环中, 如果 $ab = 0$, 则可得 $a = 0$ 或 $b = 0$.

例 9.10 一个数域 F 上一切 $n \times n$ 矩阵对于矩阵的加法和乘法来说, 作成一个有单位元的环. 当 $n \geqslant 2$ 时, 这个环是非交换环, 并有零因子.

零因子是否存在同消去律是否成立也有密切关系.

定理 9.11 设 R 是无零因子环, $a \in R$, $a \neq 0$, 则由 $ab = ac$ 可得 $b = c$; 同样由 $ba = ca$ 可得 $b = c$.

证明 假定环 R 没有零因子. 由 $ab = ac$ 可得 $a(b - c) = 0$, 由于 $a \neq 0$, 故 $b - c = 0$, 即得 $b = c$. 同样可证如果 $a \neq 0$ 且 $ba = ca$, 则有 $b = c$. 这样在 R 里两个消去律都成立. □

推论 9.12 在一个环里如果有一个消去律成立, 那么另一个消去律也成立.

在模素数 p 的剩余类环中, 对任意的元素 $\overline{a}$, 有 $p\overline{a} = \overline{0}$. 一般地, 在无零因子环 R 中, 环 R 的元构成一个加群, 对加群中每个非零元 a 来说, 其阶是相同的, 为此给出定义.

定义 9.13 一个无零因子环 R 的非零元相同的阶 (相对于加法) 叫做 R 的特征.

定理 9.14 若无零因子环 R 的特征为有限整数 n, 则 n 为素数.

证明 若 n 不是素数, 则存在 $n_1 < n$, $n_2 < n$ 使得 $n = n_1 n_2$, 那么对环 R 里的非零元 a 来说 $n_1 a \neq 0$, $n_2 a \neq 0$, 但

$$(n_1 a)(n_2 a) = n_1 n_2 a^2 = na^2 = 0,$$

这与 R 是无零因子环矛盾, 所以定理成立. □

以上介绍了一个环可能存在的四种特性: 乘法交换律、单位元、逆元和无零因子. 下面给出适合上述全部条件或者部分条件的特殊环的定义.

定义 9.15 一个环 R 叫做**整环**, 假如对于任意的 $a, b \in R$ 满足:

(1) 乘法适合交换律: $ab = ba$;

(2) 有单位元 e: $ea = ae = a$;

(3) 无零因子: 如果 $ab = 0$, 则 $a = 0$ 或 $b = 0$.

简单说, 整环就是有单位元而无零因子的交换环. 整环满足上述三个特性. 对于另外一个特性—— 每个元素都存在逆元, 整环不一定成立. 如整数环是一个整环, 但除了 ± 1 之外任何元素都不存在逆元. 现在我们给出具有上述所有特性的环—— 域的概念.

定义 9.16 一个至少含有两个元素的环 R 叫做**域**, 假如满足下列三个条件:

(1) R 是交换环 ;

(2) R 有一个单位元 ;

(3)R 的每一个不等于零的元有一个逆元.

习惯上, 记域 R 为 F. 显然 F 的每一个不等于零的元都有一个逆元, 这就意味着 F 无零因子, 因此域满足四个特性. 若 F^* 表示域中所有的非零元, 由域的定义知 $(F^*, \cdot)$ 构成群.

域的实例很多, 如全体有理数的集合、全体实数的集合、全体复数的集合按普通意义下的加、乘运算构成域, 这就是我们熟知的有理数域、实数域与复数域.

例 9.17 假定 F 是一个有 4 个元的域, 则

(1) F 的特征是 2;

(2) F 的不是 0 或 1 的两个元满足方程 $x^2 = x - 1$.

证明 F 作为加群是有限的, 所以其特征是素数 p, 并且当然有 $p|4$, 所以 F 的特征是 2. 设 F 的不是 0 或 1 的其他两个元是 x_1, x_2, 因为 $(F^*, *)$ 为可换乘群, 故 $x_1x_2 \in F^*$, 而且 x_1, x_2 都不是 1, 故 $x_1x_2 = 1$. 另一方面, $(F, +)$ 为一个特征是 2 的加群, 故又有 $x_1 + x_2 = 1$ (考虑为什么不为 0), 于是 x_1, x_2 是方程 $x^2 - x + 1 = 0$ 的两个根. □

另外还有一种特殊的环是除环 (或者称为体), 这种环除了不一定满足交换律外, 均满足域的其他特性. 具体定义如下:

定义 9.18 一个至少含有两个元素的环 R 叫做除环, 假如满足下列条件:
(1) R 有一个单位元;
(2) R 的每一个不等于零的元有一个逆元.

在一个除环里, $a^{-1}b$ 未必等于 ba^{-1}. 但在域中, $a^{-1}b = ba^{-1}$.

例 9.19 设 R 是一个有单位元 1 的有限整环, 则 R 是一个域.

证明 任取 $a \in R^*$, 只需证 a^{-1} 存在. 考虑 R 到 R 的映射 $f : x \longmapsto ax$, 此处 x 是 R 的任意元素. 由于 R 中消去律成立, 故 $x_1 \neq x_2 \Rightarrow ax_1 \neq ax_2$. 设 R 含有 n 个元, 则 $f(R) = \{ax | x \in A\}$ 也含有 n 个元. 故 $f(R) = R$, 即 f 是双射. 从而存在 $x \in R$ 满足 $ax = 1$, 即 $x = a^{-1}$. □

例 9.20 当 p 是素数时, 模 p 的剩余类环 $\mathbb{Z}_p$ 是一个域.

例 9.21 $F = \{$所有实数 $a + b\sqrt{3}$ (a, b 是有理数)$\}$, 证明 F 对普通加法和乘法来说是一个域.

证明 (1) 对于任意的 $a_1 + b_1\sqrt{3}, a_2 + b_2\sqrt{3} \in F$,

$$(a_1 + b_1\sqrt{3}) + (a_2 + b_2\sqrt{3}) = (a_1 + a_2) + (b_1 + b_2)\sqrt{3} \in F,$$

$$(a_1 + b_1\sqrt{3})(a_2 + b_2\sqrt{3}) = (a_1a_2 + 3b_1b_2) + (a_1b_2 + a_2b_1)\sqrt{3} \in F,$$

所以 F 对乘法和加法运算是封闭的.

(2) 容易验证, F 满足乘法和加法的结合律和分配律.

(3) 加法单位元为 0, 乘法单位元为 1.

(4) 对于任意的 $a + b\sqrt{3} \in F$, 加法逆元为 $-(a + b\sqrt{3})$, 乘法逆元为 $(a - b\sqrt{3})/(a^2 - 3b^2)$, 所以 F 对加法构成群, F^* 对乘法构成群. 容易看出 $(F, +)$ 和 $(F^*, \times)$ 都为可换群, 所以 F 为域. □

9.3 子环、理想、环的同态

9.3 子环、理想、环的同态

在 9.2 节中, 我们讨论了几类特殊的环, 本节将讨论环 R 的子集 S 关于环 R 的加法、乘法运算也构成环的充要条件. 给定了一个子环 S, 子环关于加法构成 R 的子加群, 环 R 的满足什么条件的子环关于陪集在加、乘运算下也构成一个环—— 商环, 这样的子环称为理想. 另外, 如同群论一样, 我们还将讨论在环同态的条件下, 商环和理想的关系. 所有这一切即为本节描述的内容.

首先给出子环的定义.

定义 9.22 环 R 的一个子集 S 叫做 R 的一个子环, 假如 S 本身对于 R 的代数运算作成一个环.

除环 R 的一个子集 S 叫做 R 的一个子除环外, 假如 S 本身对于 R 的代数运算来说作成一个除环. 同样, 我们可以给出子整环、子域的概念.

定理 9.23 环 R 的非空子集 S 作成一个子环的充要条件: 对于任意的 $a, b \in S$, 都有 $a-b \in S, ab \in S$.

证明留作习题.

R 本身是 R 的一个子环, 此外, R 中仅含有一个零元的子集 $\{0\}$ 也是 R 的一个子环. 故任意一环至少有两个子环.

例 9.24 模 6 剩余类环 $\mathbb{Z}_6 = \{\overline{0}, \overline{1}, \overline{2}, \overline{3}, \overline{4}, \overline{5}\}$ 的所有子环为 $\{0\}$; $\{\overline{0}, \overline{1}\}$; $\{\overline{0}, \overline{2}, \overline{4}\}$;$\{\overline{0}, \overline{3}\}$; $\mathbb{Z}_6$.

作为练习, 留给读者自己证明: R 的两个子环 S_1, S_2 的交集 $S_1 \cap S_2$ 是 R 的一个子环. 一般地, 设 $\{S_\alpha\}_{\alpha \in B}$ 是 R 的子环的族, 这里 B 表示一个指标集合, 则 $\bigcap\limits_{\alpha \in B} S_\alpha$ 也是 R 的子环.

任取 R 的一个非空子集 T, 则 R 中总存在子环含有 T. 例如, R 本身就是这样一个子环, 命 $\{S_\alpha | \alpha \in B\}$ 是 R 中含有 T 的所有环的族, 于是 $\bigcap\limits_{\alpha \in B} S_\alpha$ 是 R 的含有 T 的最小子环, 称这个子环为 T 生成的子环, 通常记为 (T).

下面, 我们研究 (T) 由哪些元所组成. 任取 $t_1, t_2, \cdots, t_n \in T$, 则 $\pm t_1, t_2, \cdots, t_n \in (T)$, 从而

$$\sum \pm t_1 t_2 \cdots t_n \in (T).$$

另一方面, 易见 $\{\sum \pm t_1t_2\cdots t_n | t_i \in (T)\}$ 作成 R 的一个子环, 故

$$(T)=\left\{\sum \pm t_1t_2\cdots t_n \middle| t_i \in T\right\}.$$

特别, 取 $T=\{a\}$, 则

$$(T)=\left\{\sum_{i=1}^{m} n_ia^i \middle| n_i \in \mathbb{Z}\right\}.$$

设 F 是一个域, S 是 F 的一个非空子集, 则 F 中含有 S 的所有子域的交集是 F 的一个子域, 这是 F 中含有 S 的最小子域, 称之为 F 中 S 生成的子域. 设 S 是域 F 的一个子环, 则 F 中 S 生成的子域恰好由一切形如 ab^{-1} 的元所组成, 这里 $a,b\in S, b\neq 0$.

例 9.25 一个环 R 的可以同每一个元交换的元作成一个子环 I, 这个子环叫做 R 的中心.

证明 只需证任意的 $x,y\in I$, 有 $x-y\in I$, $xy\in I$. 而对任意的 $a\in R$,

$$(x-y)a=xa-ya=ax-ay=a(x-y);$$

$$(xy)a=x(ay)=(xa)y=a(xy).$$

所以 I 构成环. □

显然, 一个环的中心是一个交换子环. 当 R 为除环时, R 的中心是一个交换的除环, 即一个域. 显然子环 S 关于加法构成的子加群 $(S,+)$ 为加群 $(R,+)$ 的不变子加群. 由此知子加群 $(S,+)$ 的陪集关于陪集的加运算构成加商群. 现在我们考虑的一个问题是, 如何定义这个加商群的另一运算—— 乘运算, 使之构成环. 首先介绍一个相关的概念—— 理想. 理想是一种特别重要的子环, 这种子环在环论里的地位如同不变子群在群论里的地位.

定义 9.26 环 R 的一个非空子集 A 叫做一个理想子环, 简称理想, 假如满足下列条件:

(1) 对于任意的 $a,b\in A$, 都有 $a-b\in A$;

(2) 对于任意的 $a\in A, r\in R$, 都有 $ra, ar\in A$.

由理想的定义知: 理想 A 是一个加群且理想 A 对于乘法来说是闭的, 所以理想一定是子环. 一个环至少有以下两个理想: 只包含零元的集合和 R 本身. 除了以上两种理想, 其他的理想称为真理想.

例 9.27 除环没有真理想.

证明 假定 A 是 R 的一个理想而 A 不是零理想. 那么存在 $a \in A, a \neq 0$, 由理想的定义, $a^{-1}a = 1 \in A$, 因而 R 的任意元 $b = b \cdot 1 \in A$. 故 $A = R$. □

因此, 理想这个概念对于除环或域没有多大用处.

定义 9.28 设 R 是一个环, $a \in R$, R 中含 a 的最小理想叫做 a 生成的理想, 用符号 (a) 表示. 由一个元素生成的理想称为主理想.

不难证明, 主理想 (a) 是由下面形式的元素组成的

$$\sum x_i a y_i + sa + at + na,$$

这里 x_i, y_i, s, t 是 R 的任意元, $n \in \mathbb{Z}$.

在一些特殊环中, 一个主理想 (a) 的元的形式可以简化. 如当 R 是交换环时, (a) 的元显然都可以写成 $ra + na(r \in R, n$是整数$)$. 当 R 有单位元的时候, (a) 的元都可以写成 $\sum x_i a y_i (x_i, y_i \in R)$. 当 R 既是交换环又有单位元的时候, (a) 的元可以写成 ra $(r \in R)$.

容易证明, R 的两个理想的交集仍是 R 的理想. 一般地, 设 $\{A_\alpha\}_{\alpha \in B}$ 是 R 的理想的非空集合, 则 $\bigcap\limits_{\alpha \in B} A_\alpha$ 仍是 R 的理想. 取 T 是 R 的任一非空子集, 命 $\{A_\alpha\}$ 表示 R 中一切包含 T 的理想 (这样的理想一定存在, 例如 R 就是其中之一). 与子环的情形类似, 我们称理想 $\bigcap A_\alpha$ 为 R 中 T 生成的理想, 用符号 (T) 表示. 特别地, 当 $T = \{a\}$ 时, (T) 即 a 生成的主理想. 当 $T = \{a_1, a_2, \cdots, a_n\}$ 时, (T) 记为 $(a_1, a_2, \cdots, a_n)$.

一个很自然发生的问题: (T) 由 A 中哪些元素组成? 容易证明

$$(T) = \left\{ \sum x_i | x_i \in (t_i), t_i \in T \right\}.$$

例 9.29 假定 $\mathbb{Z}[x]$ 是整数环 $\mathbb{Z}$ 上的一元多项式环, 证明理想 $(2, x)$ 不是主理想.

证明 因为 $\mathbb{Z}[x]$ 是有单位元的交换环, 所以

$$(2, x) = \{2f(x) + xg(x) | f(x), g(x) \in \mathbb{Z}[x]\},$$

从而

$$(2, x) = \{2a_0 + a_1 x + \cdots + a_n x^n | a_i \in \mathbb{Z}, n \geqslant 0\}.$$

若 $(2, x)$ 是一个主理想, 设 $(2, x) = (p(x))$, 因而

$$2 = q(x)p(x), \quad x = h(x)p(x).$$

由 $2=q(x)p(x)$ 知 $p(x)=a$, 且 $a=\pm 1$ 或 ± 2; 由 $x=ah(x)$ 知 $a=\pm 1$, 这样 $\pm 1=p(x)\in(2,x)$, 从而 $(2,x)=\mathbb{Z}[x]$, 矛盾. 结论得证. □

有了理想, 就可以定义商环的概念. 给了一个环 R 和 R 的一个理想 A, 若我们只就加法来看, R 作成一个加群, A 作成 R 的一个不变加子群. 这样 A 的陪集集合

$$R/A=\{\overline{a}|a\in R\}$$

上很自然就已经定义了一个加法运算

$$\overline{a}+\overline{b}=\overline{a+b},$$

其中 $\overline{a}=\{a+x|a\in R,x\in A\}$. R/A 关于加法运算构成一个加群, 通常 R/A 里的元素称为模 A 的剩余类. 现在我们规定 R/A 乘法运算:

$$\overline{a}\cdot\overline{b}=\overline{ab},$$

容易证明 $(R/A,+,\cdot)$ 作成一个环.

定义 9.30　设 R 是一个环, A 是 R 的一个理想, 环 R/A 叫做 R 关于 A 的商环. 仍用记号 R/A 表示. 商环 R/A 也叫做 R 关于 A 的剩余类环.

例 9.31　取整数环 $\mathbb{Z}$ 的主理想 (m), 则商环 $\mathbb{Z}/(m)$ 含有 m 个元, 任一元 $\overline{a}$ 由所有被 m 除余 a 的整数组成, 故称 $\overline{a}$ 为模 m 的一个剩余类, $\mathbb{Z}/(m)$ 为模 m 的剩余类环.

例 9.32　系数取值于数域 F 的所有 x 的多项式, 关于多项式的加法和乘法构成一个环 $F[x]$, 叫做多项式环. 任取 F 上的一个 n 次多项式 $f(x)$ 构成的理想为

$$(f(x))=\{f(x)g(x)|g(x)\in F[x]\}.$$

商环

$$F[x]/(f(x))=\{\overline{r(x)}|r(x)\in F[x],r(x)\text{的次数小于}n\}.$$

进一步可以证明: $F[x]/(f(x))$ 是一个域的充要条件是 $f(x)$ 为不可约多项式.

证明　第一部分容易证明, 我们只证最后一部分. 设 $f(x)$ 是不可约多项式, 若 $\overline{g(x)}\neq 0$, 则 $f(x)\nmid g(x)$. 由 $f(x)$ 不可约, 所以 $g(x)$ 和 $f(x)$ 互素, 这时必有多项式 $s(x)$ 和 $t(x)$ 使得

$$s(x)f(x)+t(x)g(x)=1,$$

从而

$$\overline{t(x)} \cdot \overline{g(x)} = \overline{1},$$

即 $\overline{g(x)}$ 有逆元 $\overline{t(x)}$. 这就证明了充分性.

假设 $f(x)$ 可约, 则存在两个次数小于 n 的多项式 $g(x)$, $h(x)$ 使 $f(x) = g(x)h(x)$, 所以

$$\overline{h(x)} \cdot \overline{g(x)} = \overline{0},$$

从而 $F[x]/(f(x))$ 有零因子, 矛盾. 必要性得证. □

定义 9.33 设 R, R' 是两个环, 如果存在 R 到 R' 的一个映射 $f: R \to R'$, 使得

$$f(a+b) = f(a) + f(b), \quad f(ab) = f(a) \cdot f(b),$$

对一切 $a, b \in R$ 均成立, 那么就说 f 是 R 到 R' 上的一个同态映射. 如果 f 是 R 到 R' 的满射, 那么就说 f 是满同态, 用符号 $R \sim R'$ 表示. 如果 R 到 R' 的同态映射 f 是 R 到 R' 的单射, 那么就说 f 是 R 到 R' 的单一同态. 如果这个 f 是环 R 到 R' 的双射, 那么就说 f 是 R 到 R' 的一个同构映射. 存在同构映射的两个环叫做同构的, 记为 $R \cong R'$.

环与同态环之间, 有下列性质.

定理 9.34 假定 R 和 $\overline{R}$ 是两个环, 并且 R 与 $\overline{R}$ 同态. 那么 R 的零元的象是 $\overline{R}$ 的零元, R 的元 a 的负元的象是 a 的象的负元. 并且假如 R 是交换环, 那么 $\overline{R}$ 也是交换环. 假如 R 有单位元 $\overline{1}$, 那么 $\overline{R}$ 也有单位元 $\overline{1}$, 而且单位元映到单位元.

定理 9.35 设 f 是 R 到 R' 的满同态, 且 $\ker f \supseteq A$, A 是 R 的一个理想, 则存在 R/A 到 R' 的唯一的满同态 f_*, 对 R 到 R/A 的自然同态 (即 R 到 R/A 的满同态)φ, 满足 $f = f_* \circ \varphi$. 当且仅当 $\ker f = A$ 时, f_* 是 R/A 到 R' 的同构.

证明 由于 f, φ 都是群同态, 故由同态定理, 适合要求的 f_* (作为群同态) 是唯一存在的. 设 $x \in R$, 则

$$f(x) = (f_* \circ \varphi)(x) = f_*(\varphi(x)).$$

故对于 $a, b \in R$, 有

$$f_*(\varphi(a)\varphi(b)) = f_*(\varphi(ab)) = f(ab) = f(a)f(b) = f_*(\varphi(a))f_*(\varphi(b)).$$

即 f_* 保持乘法. 所以 f_* 也是环里的同态. 定理得证. □

由上边的定理可以推出:

定理 9.36 (环的同态定理) 设 R 是一个环, 则 R 的任一商环都是 R 的同态象. 反之, 若 R' 是 R 在 f 下的同态象, 则 $R' \cong R/\ker f$.

9.4 孙子定理的一般形式

9.4 孙子定理的一般形式

孙子定理不仅在密码的分析与设计中有重要的应用, 而且是多项式分解、同余方程的求解等问题的重要的工具. 首先介绍几个相关的定义.

定义 9.37 设 R 为一个含幺交换环, 即含有单位元的交换环.

(1) 若 R 的一个理想 $P \neq R$, 而且对于任意的 $a, b \in R, ab \in P$ 恒有 $a \in P$ 或 $b \in P$, 则 P 叫做 R 的一个素理想.

(2) 若 R 的一个理想 $M \neq R$, 而且对于任意的理想 $I \subset R$, 若 $M \subset I$, 则 $I = M$ 或 $I = R$, 则 M 叫做 R 的一个极大理想.

定义 9.38 如果幺环 R 的理想 I, J 满足 $I + J = R$, 其中 $I + J = \{a + b | a \in I,\ b \in J\}$, 则称理想 I, J 是互素的.

定理 9.39 设 R 为一交换幺环, $P \subset R$ 是 R 的一个理想, 则 P 为素理想当且仅当 R/P 是整环.

证明 若 R/P 中的两个元素 $\overline{a}, \overline{b}$ 满足 $\overline{a}\overline{b} = 0$, 于是 $\overline{a}\overline{b} = \overline{ab} = 0$, 从而 $ab \in P$. 因为 P 为素理想, 由 $ab \in P$ 可知 $a \in P$ 或 $b \in P$, 即 $\overline{a} = 0$ 或 $\overline{b} = 0$, 所以 R/P 是整环.

反之, 若 $ab \in P$, 则 $\overline{ab} = \overline{a}\overline{b} = 0$. 因 R/P 是整环, 故 $\overline{a} = 0$ 或 $\overline{b} = 0$, 即 $a \in P$ 或 $b \in P$, 所以 P 为素理想. □

定理 9.40 设 R 为一交换幺环, $M \subset R$ 是 R 的一个理想, 则 M 为极大理想当且仅当 R/M 是域.

证明 $\Rightarrow$: 设 $\overline{x} \in R/M$ 且 $\overline{x} \neq 0$, 则 $x \notin M$. 因为 M 是极大理想, 故 $M \subsetneq M + xR = R$, 故存在 $m \in M,\ y \in R$ 使得 $m + xy = 1$, 即 $\overline{x} \cdot \overline{y} = \overline{1}$.

$\Leftarrow$: 设 J 是 R 中的理想, 且 $J \supset M$. 若 $J \neq M$, 则存在 $x \in J, x \notin M$, 即 $\overline{x} \neq 0$. 由于 R/M 是域, 所以存在 $\overline{y} \in R/M$ 使得 $\overline{x} \cdot \overline{y} = \overline{xy} = 1$, 即存在 $m \in M$ 使得 $xy = 1 + m$. 又因为 $xy \in J$, $m \in M \subset J$, 故 $1 = xy - m \in J$, 由此可得 $J = R$, 即 M 是极大理想. □

定理 9.41 (孙子定理) 设环 R 是一个含幺交换环, R 中的理想 $I_1,\cdots,I_k$ 两两互素, 那么

$$R/\bigcap_{i=1}^{k} I_i \cong \bigotimes_{i=1}^{k} R/I_i,$$

其中 $\bigotimes\limits_{i=1}^{k} R/I_i$ 表示加氏积, 即 $\bigotimes\limits_{i=1}^{k} R/I_i=\{(\alpha_1,\cdots,\alpha_k)|\alpha_i\in R/I_i, i=1,\cdots,k\}$.

证明 构造映射

$$\begin{aligned}\sigma: R\to\bigotimes_{i=1}^{k} R/I_i,\ \ x &\mapsto (x(\bmod\ I_1), x(\bmod\ I_2),\cdots,x(\bmod\ I_k))\\ &\triangleq(\overline{x}_1,\overline{x}_2,\cdots,\overline{x}_k).\end{aligned}$$

显然 σ 为同态映射.

首先, 证明 $\ker(\sigma)=\bigcap\limits_{i=1}^{k} I_i$. 对于任意的 $x\in\ker(\sigma)$,

$$\sigma(x)=(0,\cdots,0).$$

即 $x(\bmod I_i)=0$, $i=1,\cdots,k$, 因此有 $x\in\bigcap\limits_{i=1}^{k} I_i$.

反之, 对于任意的 $x\in\bigcap\limits_{i=1}^{k} I_i$, $x(\bmod\ I_i)=0$, $i=1,\cdots,k$, 所以

$$\sigma(x)=(x(\bmod\ I_1),x(\bmod\ I_2),\cdots,x(\bmod\ I_k))=(0,\cdots,0).$$

因此 $x\in\ker(\sigma)$.

下证 σ 为满射, 即对于任意的 $(x_1,\cdots,x_k)\in\bigotimes\limits_{i=1}^{k} R/I_i$, 存在 $x\in R$ 使得 $x(\bmod\ I_i)=x_i$, $i=1,\cdots,k$. 由 $I_1,\cdots,I_k$ 两两互素, 可知存在 $a_i\in I_1$, $b_i\in I_i$, 使得 $a_i+b_i=1\in R$, $i=2,\cdots,k$. 因此有

$$1=\prod_{i=2}^{k}(a_i+b_i)=(a_2+b_2)\cdots(a_k+b_k)\triangleq y+b_2\cdots b_k,$$

其中 $b_2\cdots b_k\in\prod\limits_{i=2}^{k} I_i$ 且 $y\in I_1$. 令 $y_1=b_2\cdots b_k$, 则

$$\begin{cases} y_1 \equiv 1(\text{mod } I_1), \\ y_1 \equiv 0 \left(\text{mod } \left(\prod_{i=2}^{k} I_i \right) \right). \end{cases}$$

同理, 可以找到 $y_2, \cdots, y_k$, 满足

$$\begin{cases} y_i \equiv 1(\text{mod } I_i), \\ y_i \equiv 0 \left(\text{mod } \left(\prod_{j=1, j\neq i}^{k} I_j \right) \right). \end{cases}$$

再令 $x = \sum_{i=1}^{k} x_i y_i$, 则 x 即满足条件. □

实际上, 我们在初等数论部分所学习的孙子定理是定理 9.41 的一种特殊形式. 下面我们介绍孙子定理的一个很有用的推论——Lagrange 插值公式. 在密码学中, Lagrange 插值公式被广泛应用于构造门限密码系统.

推论 9.42 (Lagrange 插值公式) 给定 n 个点 $(u_1, v_1), \cdots, (u_n, v_n)$, 其中 $u_1, \cdots, u_n \in \mathbb{F}$ 是两两不同的数, 则经过这 n 个点的次数不超过 $n-1$ 的多项式 $g(x) \in \mathbb{F}(x)$ 为

$$g(x) = \sum_{i=1}^{n} v_i \prod_{\substack{1 \leqslant j \leqslant n \\ j \neq i}} \frac{x - u_j}{u_i - u_j}.$$

证明 证明主要思路是利用孙子定理解如下方程组

$$g(x) \equiv v_i \quad (\text{mod } (x - u_i)), \quad 1 \leqslant i \leqslant n.$$

□

9.5 欧 氏 环

9.5 欧氏环

本节将介绍一类重要的环—— 欧氏环. 在欧氏环上我们可以像整数环一样定义两个元素的最大公因子, 也是唯一分解环. 首先我们介绍欧氏环的定义.

定义 9.43 给定一个整环 R, 如果存在一个映射 $\phi : R^* \to \mathbb{N} \cup \{0\}$, 使得对于任意的 $a \in R^*$, $b \in R$, 存在 $q, r \in R$ 满足

$$b = qa + r,$$

其中 $r = 0$ 或是 $\phi(r) < \phi(a)$, 那么就称 R 是一个欧氏环.

容易看出整数环是欧氏环. 介绍欧氏环性质之前, 先给出主理想环的定义.

定义 9.44 一个整环 R 叫做一个主理想环, 假如 R 的每一个理想都是主理想.

定理 9.45 如果整环 R 为欧氏环, 则 R 一定是一个主理想环.

证明 设 A 是 R 的一个理想. 若 A 只包含零元, 那么 A 是一个主理想. 假定 A 包含不等于零的元. 由欧氏环的定义, 存在一个映射 ϕ, 在这个映射之下 A 的每一个不等于零的元 x 有一个象 $\phi(x)$, 则集合

$$S = \{\phi(x) | \phi(x) > 0,\ x \in A\}$$

存在最小正整数, 记为 $\phi(x_0)$, $x_0 \in A$. 下证 $A = (x_0)$. 显然 $(x_0) \subseteq A$, 只要证明 $A \subseteq (x_0)$ 即可. 由于 R 为欧氏环, 任给 $a \in A$, 存在 $q, r \in R$ 满足

$$a = qx_0 + r,$$

其中 $r = 0$ 或是 $\phi(r) < \phi(x_0)$. 由于 $r \in A$ 及 $\phi(x_0)$ 的最小性知 $r = 0$, 所以 $a \in (x_0)$, 从而 $A \subseteq (x_0)$. 定理得证. □

例 9.46 域 $\mathbb{F}$ 上的一元多项式环 $\mathbb{F}[x]$ 是一个欧氏环.

证明 定义 $\mathbb{F}[x]$ 到 $\mathbb{Z}_{\geqslant 0}$ 的映射为 $\phi: f(x) \mapsto \deg f(x)$. 设 $g(x) \in F[x], g(x) \neq 0$, 对于任意的 $f(x) \in \mathbb{F}[x]$, 存在 $q(x), r(x) \in \mathbb{F}[x]$, 使得

$$f(x) = q(x)g(x) + r(x),$$

其中 $r(x) = 0$ 或是 $\deg r(x) < \deg g(x)$. 所以 $\mathbb{F}[x]$ 是一个欧氏环. □

例 9.47 高斯整数环 R, 即一切形如 $a + b\mathrm{i}$ (a, b 是任意整数) 的复数作成的整环, 是欧氏环.

证明 任取 $\alpha \in R^*$, $\alpha = a + b\mathrm{i}$, $a, b \in \mathbb{Z}$. 令 $\phi: \alpha \longmapsto a^2 + b^2$, 则 ϕ 是 R^* 到 $\mathbb{Z}_{\geqslant 0}$ 的映射. 对任意的 $\alpha = a + b\mathrm{i}, \beta = c + d\mathrm{i}$, $\alpha \in R^*$, $\beta \in R^*$, 经过简单计算可知

$$\phi(\alpha\beta) = \phi(\alpha)\phi(\beta).$$

令 $\alpha^{-1}\beta = k + l\mathrm{i}$, k, l 是有理数, 取 k', l' 分别为与 k, l 最接近的整数, 即

$$|k - k'| \leqslant \frac{1}{2}, \quad |l - l'| \leqslant \frac{1}{2}.$$

令 $\gamma = k' + l'\mathrm{i}$, 则

$$\phi(\alpha^{-1}\beta - \gamma) = (k-k')^2 + (l-l')^2 \leqslant \frac{1}{4} + \frac{1}{4} = \frac{1}{2}.$$

再令 $\delta = \beta - \alpha\gamma$, 则 $\beta = \alpha\gamma + \delta$. 如果 $\delta \neq 0$, 则

$$\begin{aligned}\phi(\delta) = \phi(\beta - \alpha\gamma) = \phi(\alpha(\alpha^{-1}\beta - \gamma)) &= \phi(\alpha)\phi(\alpha^{-1}\beta - \gamma) \\ &\leqslant \frac{1}{2}\phi(\alpha) < \phi(\alpha).\end{aligned}$$

结论得证. □

9.6 有 限 域

9.6 有限域

有限域在应用密码学、编码理论中有着极其广泛的应用. 本节主要讨论有限域的结构及其特例.

定义 9.48 一个只含有限个元素的域叫做有限域.

定义 9.49 如果一个域不含有任何真子域, 称这样的域为素域.

显然, 一个特征是 p 的素域就是一个有限域, 容易看出, 特征为 p 的素域就是模 p 的完全剩余系, 记这个有限域为 $\mathbb{F}_p$.

定理 9.50 对于任意的素数 p 和任意的正整数 d, 都存在元素的个数是 p^d 的有限域, 记这个有限域为 $\mathbb{F}_{p^d}$.

证明 考虑 $\mathbb{F}_p$ 上的多项式 $f(x) = x^{p^d} - x$. 显然对于任意的 $\alpha \in \mathbb{F}_p$ 都有 $f(\alpha) = 0$. 设 S 是 $f(x)$ 根的集合, F 是包含 S 最小的域. 易知 F 的特征是 p 且 $\mathbb{F}_p \subset F$. 对于任意的 $\alpha, \beta \in S$,

$$f(\alpha - \beta) = (\alpha - \beta)^{p^d} - (\alpha - \beta) = (\alpha^{p^d} - \alpha) - (\beta^{p^d} - \beta) = f(\alpha) - f(\beta) = 0,$$

$$f(\alpha\beta^{-1}) = (\alpha\beta^{-1})^{p^d} - (\alpha\beta^{-1}) = \beta^{-p^d} f(\alpha) + \alpha f(\beta^{-1}) = 0,$$

因此可得集合 S 就是一个域, 即 $S = F$. 容易知道 S 包含 p^d 个元素. □

注 设 $g(x)$ 是 $\mathbb{F}_p[x]$ 上一个 d 次不可约多项式, 则 $\mathbb{F}_p[x]/(g(x))$ 是一个元素个数为 p^d 的有限域. 元素个数为 p^d 的有限域在同构的意义之下是唯一的.

定理 9.51 设 $\mathbb{F}_q$ 是一个特征为 p 的有限域. 则这个有限域的非零元素 $\mathbb{F}_q^*$ 对域的乘法构成一个循环群.

证明　令 $q-1=p_1^{\alpha_1}\cdots p_s^{\alpha_s}$. 由 Lagrange 定理知对于任意的 $a\in\mathbb{F}_q$ 都有 $a^{q-1}-1=0$. 考虑 $\mathbb{F}_q$ 上多项式 $f_i(x)=x^{p_i^{\alpha_i}}-1$. 因为 $f_i(x)|x^{q-1}-1$, 所以 $f_i(x)$ 的所有的根包含在 $\mathbb{F}_q$ 中且根的个数为 $p_i^{\alpha_i}$. 考虑 $\mathbb{F}_q$ 上多项式 $h_i(x)=x^{p_i^{\alpha_i-1}}-1$. 因为 $h_i(x)|f_i(x)$, 所以 $h_i(x)$ 的所有的根都是 $f_i(x)$ 的根, 且根的个数为 $p_i^{\alpha_i-1}$. 因此存在 $a_i\in\mathbb{F}_q$, 使得 $f_i(x)=0$ 而 $h_i(x)\neq 0$, 即 a_i 在群 $\mathbb{F}_q^*$ 中的阶是 $p_i^{\alpha_i}$. 容易知道 $a=a_1\cdots a_s$ 的阶为 $q-1$, 即 $\mathbb{F}_q^*$ 是循环群且 a 是一个生成元素. □

定理 9.52　有限域 $\mathbb{F}_{p^n}$ 包含 $\mathbb{F}_{p^m}$ 当且仅当 $m|n$.

证明　$p^m-1|p^n-1$ 当且仅当 $m|n$, 因此有限域 $\mathbb{F}_{p^n}$ 包含 $\mathbb{F}_{p^m}$ 当且仅当 $m|n$. □

定理 9.53　设 n 是任意的正整数, $\mathbb{F}_q[x]$ 上的多项式 $x^{q^n}-x$ 等于 $\mathbb{F}_q[x]$ 上所有的首 1 的、次数整除 n 的不可约多项式的乘积.

证明　容易看出多项式 $x^{q^n}-x$ 没有重根. 假设不可约多项式 $f(x)|x^{q^n}-x$ 且 $\deg f(x)=d$. 由定理 9.50 知 $f(x)$ 的所有的根包含在 $\mathbb{F}_{q^n}$ 中, 由定理 9.50 的注知, $f(x)$ 的所有的根生成 $\mathbb{F}_q[x]/(f(x))$. 因此 $\mathbb{F}_q[x]/(f(x))=\mathbb{F}_{q^d}\subset\mathbb{F}_{q^n}$. 由定理 9.52 知 $d|n$.

假设不可约多项式 $f(x)\in\mathbb{F}_q[x]$, $\deg f(x)=d$ 且 $d|n$. 易知 $x^{q^d-1}-1|x^{q^n-1}-1$, 即 $x^{q^d}-x|x^{q^n}-x$. 对于任意的 $f(x)$ 的根 a, 都有 $a^{q^d}-a=0$, 即 $x-a|x^{q^d}-x|x^{q^n}-x$. 由此可得

$$\gcd(f(x),x^{q^n}-x)\neq 1.$$

因为 $f(x)$ 在 $\mathbb{F}_q[x]$ 上不可约, 故 $f(x)|x^{q^n}-x$. □

9.7 商　域

我们知道, 整数环是有理数域的一个子环, 有理数域是包含整数环的最小的一个域. 现在我们问, 给了一个环 R 是不是可以找到一个域包含这个 R. 一个环 R 要能被一个域包含, 有一个必要条件就是不能有零因子, 并且 R 为交换环. 我们在这一节里要证明当 R 是无零因子交换环时, 一定存在一个最小的域, 使环中的任意元素在域中恰有逆元.

定理 9.54　每一个没有零因子的交换环 R 都是一个域 Q 的子环.

证明　当 R 只包含零元的时候, 定理显然是对的. 假定 R 至少有两个元. 用 $a,b,c,\cdots$ 来表示 R 的元, 我们作一个集合

$$A=\{(a,b)|a,b\in R,b\neq 0\}.$$

实际上 A 为加氏积 $R\times R$ 的子集. 在 A 的元素之间我们规定一个关系 $(a,b)\sim(a',b')$ 当且仅当 $ab'=a'b$. 很明显这样定义的关系满足:

(1) 对任意的 $(a,b)\in A$, 都有 $(a,b)\sim(a,b)$;

(2) 如果 $(a,b)\sim(a',b')$, 则 $(a',b')\sim(a,b)$;

(3) 如果 $(a,b)\sim(a',b'),(a',b')\sim(a'',b'')$, 那么 $(a,b)\sim(a'',b'')$.

这就说明 $\sim$ 是一个等价关系. 这个等价关系把集合 A 分成若干类 $\overline{(a,b)}$, 将等价类 $\overline{(a,b)}$ 记为 $\dfrac{\overline{a}}{b}$, 令

$$Q_0=\left\{\frac{\overline{a}}{b}\middle|a,b\in R,b\neq 0\right\}.$$

对于 Q_0 的元我们规定以下两种运算

$$\frac{\overline{a}}{b}+\frac{\overline{c}}{d}=\frac{\overline{ad+bc}}{bd},\quad \frac{\overline{a}}{b}\cdot\frac{\overline{c}}{d}=\frac{\overline{ac}}{bd}.$$

下证上述两个规定为 Q_0 上的二元运算. 因为

(1) 由 $b\neq 0,d\neq 0$ 知 $bd\neq 0$, 可得 $\dfrac{\overline{ad+bc}}{bd},\ \dfrac{\overline{ac}}{bd}\in Q_0$.

(2) 若 $\dfrac{\overline{a}}{b}=\dfrac{\overline{a'}}{b'},\ \dfrac{\overline{c}}{d}=\dfrac{\overline{c'}}{d'}$, 那么 $ab'=a'b,cd'=c'd$, 所以有

$$(ad+bc)b'd'=(a'd'+b'c')bd,\quad ab'cd'=a'bc'd.$$

故

$$\frac{\overline{a}}{b}+\frac{\overline{c}}{d}=\frac{\overline{a'}}{b'}+\frac{\overline{c'}}{d'},\quad \frac{\overline{a}}{b}\cdot\frac{\overline{c}}{d}=\frac{\overline{a'}}{b'}\cdot\frac{\overline{c'}}{d'}.$$

两类相加相乘的结果与类的代表无关, 因此两者均为二元运算.

容易证明 Q_0 对于上述加法、乘法运算构成域. 显然 $\dfrac{\overline{a}}{a}$ 是乘法单位元; $\dfrac{\overline{a}}{b}$ 的乘法逆元是 $\dfrac{\overline{b}}{a}$.

我们把 Q_0 的所有的元 $\dfrac{\overline{qa}}{q}$ (q 是一个固定的元, a 是任意元素) 放在一起, 作成一个集合 R_0, 那么

$$a\rightarrow\frac{\overline{qa}}{q}$$

是一个 R 与 R_0 间的一一映射. 由于

$$\frac{\overline{qa}}{q}\frac{\overline{qb}}{q}=\frac{\overline{q^2(ab)}}{q^2}=\frac{\overline{q(ab)}}{q},\quad \frac{\overline{qa}}{q}+\frac{\overline{qb}}{q}=\frac{\overline{q(a+b)}}{q},$$

故以上映射是同构映射

$$R\cong R_0,$$

这样由环的同态定理知, 有一个包含 R 的域 Q 存在. □

Q 既然是包含 R 的域, R 的一个元 $b\neq 0$ 在 Q 里有逆元 b^{-1}, 因而

$$ab^{-1}=b^{-1}a=\frac{a}{b}\quad (a,b\in R,b\neq 0)$$

在 Q 里有意义. 我们有

定理 9.55　Q 刚好是由所有元 $\frac{a}{b}(a,b\in R,b\neq 0)$ 所作成的, 这里

$$\frac{a}{b}=ab^{-1}=b^{-1}a.$$

证明　要证明 Q 的每一个元可以写成 $\frac{a}{b}$ 的样子, 只需证明 Q_0 的每一个元可以写成

$$\frac{\frac{\overline{qa}}{q}}{\frac{\overline{qb}}{q}}=\frac{\overline{qa}}{q}\cdot\frac{\overline{qb}}{q}^{-1}$$

的样子, 我们看 Q_0 的任意元 $\frac{\overline{q}}{b}$, 由于

$$\left(\frac{\overline{qb}}{q}\right)^{-1}=\frac{\overline{q}}{qb},$$

我们的确有

$$\frac{\overline{qa}}{q}\left(\frac{\overline{qb}}{q}\right)^{-1}=\frac{\overline{q^2a}}{q^2b}=\frac{\overline{a}}{b}=\frac{\frac{\overline{qa}}{q}}{\frac{\overline{qb}}{q}}.$$

至于每一个 $\frac{a}{b}$ 都属于 Q 是显然的. □

因为 Q 的元都可以写成 $\frac{a}{b}$ 的样子, 这样, Q 与 R 的关系正同有理数域与整数环的关系一致.

定义 9.56　一个域 Q 叫做环 R 的一个商域, 假如 Q 包含 R, 并且 Q 刚好是由所有元 $\frac{a}{b}(a,b\in R, b\neq 0)$ 所作成的.

由定理 9.54 和定理 9.55 知, 一个至少含两个元的没有零因子的交换环至少有一个商域. 一般地, 一个环很可能有两个以上的商域. 我们有

定理 9.57　假定 R 是一个至少含两个元的环, F 是一个包含 R 的域. 那么 F 包含 R 的一个商域.

证明　在 F 里,

$$ab^{-1}=b^{-1}a=\frac{a}{b},\quad a,b\in R, b\neq 0$$

有意义. 考虑 F 的子集

$$\overline{Q}=\left\{\text{所有}\frac{a}{b}:a,b\in R, b\neq 0\right\},$$

$\overline{Q}$ 显然是 R 的一个商域. □

但 R 的每一个商域都适合计算规则 $(*)$, 而计算规则 $(*)$ 完全决定于 R 的加法和乘法, 这就是说, R 的商域的构造完全决定于 R 的构造. 所以我们有

定理 9.58　同构的环的商域也同构.

9.8　使用 SageMath 进行环与域相关的计算

SageMath 包含了一些环与域相关的计算, 下面给出部分示例.

例 9.59　使用 `IntegerModRing(n)` 可以定义剩余类环 $\mathbb{Z}/(n)$.

```
sage:R1 = IntegerModRing(15); R1
Ring of integers modulo 15
sage:R1.is_field()
False
sage:a = R1(3); b = R1(7); a*b^(-1)
9
```

使用 `MatrixSpace(R,m,n)` 可以定义元素取自 R 上的 $m\times n$ 的矩阵的集合.

```
sage:R2 = MatrixSpace(R1,2,2); R2
Full MatrixSpace of 2 by 2 dense matrices over Ring of integers
modulo 15
sage:R2.is_ring()
```

```
True
sage:A = R2.matrix([1,2,3,4]); A
[1 2]
[3 4]
sage:B = R2.matrix([3,14,15,9]); B
[ 3 14]
[ 0 9]
sage:A*B
[3 2]
[9 3]
```

例 9.60 使用 R.<x> = PolynomialRing(F) 可以定义系数取自 F 上的单变元多项式环 $F[x]$, 使用 R.quotient(f) 可以定义剩余类环 $F[x]/(f(x))$.

```
sage:R1.<x> = PolynomialRing(QQ); R1
Univariate Polynomial Ring in x over Rational Field
sage:f = x^2+1; g = x^3+1
sage:R2 = R1.quotient(f); R2
Univariate Quotient Polynomial Ring in xbar over Rational Field with modulus x^2 + 1
sage:R2.is_field()
True
sage:R3 = R1.quotient(g); R3
Univariate Quotient Polynomial Ring in xbar over Rational Field with modulus x^3 + 1
sage:R3.is_field()
False
```

例 9.61 高斯整数环

$$R = \mathbb{Z}[\mathrm{i}] = \{a + b\mathrm{i} \mid a, b \in \mathbb{Z}\},$$

可以如下构造.

```
sage:R.<x> = PolynomialRing(ZZ); GaussIntegerRing = R.quotient(x^2+1, I)
sage:GaussIntegerRing
Univariate Quotient Polynomial Ring in I over Integer Ring with modulus x^2 + 1
```

```
sage:i^2+1
0
sage:(2*i+1)*(3*i-5)
-7*I - 11
```

数域

$$F = \mathbb{Q}(\sqrt{3}) = \{a + b\sqrt{3} \mid a, b \in \mathbb{Q}\},$$

可以如下构造.

```
sage:F.<sqrt3> = NumberField(x^2-3); F
Number Field in sqrt3 with defining polynomial x^2 - 3
sage:sqrt3^2-3
0
sage:(2*sqrt3+1)*(3*sqrt3-5)
-7*sqrt3 + 13
```

例 9.62　有限域 $\mathbb{F}_4$ 可以如下构造.

```
sage:F.<a> = GF(4, modulus = x^2+x+1); F
Finite Field in a of size 2^2
sage:for s in F: print (s)
0
a
a + 1
1
sage:a+(a+1)
1
sage:a*(a+1)
1
sage:a.multiplicative_order()
3
```

密码算法 AES 中使用的有限域 $\mathbb{F}_{2^8}$ 如下构造.

```
sage:F.<x> = GF(2^8, modulus = x^8+x^4+x^3+x+1); F
Finite Field in x of size 2^8
sage:(x^7+x^2+1)*(x^6+x^3+1)
x^7 + x^6 + x^4 + x^2 + x + 1
```

习　题　9

1. 证明: $\mathbb{Z}[\mathrm{i}]=\{a+b\mathrm{i}|a,b\in\mathbb{Z},\mathrm{i}$ 是虚数单位$\}$ 关于数的加法、乘法作成一个环.

2. 在 $\mathbb{Z}_{15}$ 中, 找出方程 $x^2-1=0$ 的全部根.

3. A 是所有分母为 2 的非负整数次方幂的既约分数所组成的集合, 问 A 关于数的加法、乘法是否作成一个环?

4. 设环 R 的加群 $(R,+)$ 是循环群, 证明: R 是可换环.

5. 设环 R 是可换环, a 是 R 的理想, S 是 R 的子集, 令

$$(a:S)=\{x|x\in R,xS\subseteq a\},$$

证明: $(a:S)$ 是 R 的一个理想.

6. 设 F 是域, 问多项式环 $F[x]$ 的主理想 (x^2) 含有哪些元? $F[x]/(x^2)$ 含有哪些元?

7. 设 R 是有单位元的含有有限个元的交换环. 证明: R 的元不是可逆元 (单位) 就是零因子. 由此证明, 含有有限个元的整环是域.

8. 设 A 是偶数环, $a=\{4x|x\in\mathbb{Z}\}$. 证明: a 是 A 的一个理想. A/a 是怎样的环? a 是否就是 (4)? $A/(4)$ 是不是域?

9. 证明: $(3)/(6)$ 是 $\mathbb{Z}/(6)$ 的理想, 且

$$\mathbb{Z}/(6)/(3)/(6)\cong\mathbb{Z}/(3).$$

10. 设 $f(x)\in R[x],f(x)=a_0+a_1x+\cdots+a_nx^n$. 命

$$f:f(x)\longmapsto a_0.$$

证明: f 是 $R[x]$ 到 R 的满同态, 求 $\ker f$, 并且考虑 $R[x]/\ker f$ 是怎样的环?

11. 证明: 高斯整数环 $\mathbb{Z}[\mathrm{i}]$ 同构于 $\mathbb{Z}[x]/(x^2+1)$.

12. 找出 $\mathbb{Z}$ 到自身的一切同态映射, 并找出每一同态的核.

第 10 章　公钥密码学中的数学问题

密码学是一门应用的科学, 是信息安全的核心技术. 它的知识涉及多个领域, 如数学、计算机等学科. 密码学也可以认为是主要以数学为理论基础, 以计算机科学为实现工具而形成的一门具有自己理论体系特色的科学. 本章的主要目的是综合介绍密码学所用到的数论、代数的一些数学问题. 这些问题是构成公钥密码学所依赖的数学理论的核心内容. 通过对这些问题的进一步理解, 对于将来公钥密码学的分析技术与设计技术有很大的作用. 另外, 本章所介绍的数学问题的重要性主要体现在这些问题计算的有效性或者是计算的复杂性, 因此, 在本章中, 我们还将对一些问题的计算复杂性进行讨论.

10.1　时间估计与算法复杂性

10.1.1 基础算法的复杂度估计

我们必须首先介绍复杂性理论的一些概念, 这有助于理解密码算法的安全性. 算法的复杂性常常用两个概念来度量: 时间复杂性和空间复杂性, 这两个概念通常表示为输入长度 n 的函数, 而这两个概念从某种程度上也是可以相互转化的. 比如要用试除的方法求一个大数的因子分解, 可以在一台计算机上串行的搜索素数表; 也可以把素数表分配给多台计算机, 进行并行计算. 前一种方法牺牲时间, 后一种则牺牲了空间.

定义 10.1　*在计算机的二进制整数运算中, 两个比特的一次加法、减法、乘法都称为一次***比特运算***.*

另外, 一个算法在计算机上运行时, 通常还有移位运算或存取运算, 由于这些运算较快, 在算法的时间估计中, 通常忽略这些运算时间.

在一个算法的运行中, 比特运算次数与完成计算的时间基本上成正比, 所以通常我们对于一个算法的时间估计总是指计算机运行该算法所需要的比特运算次数.

定理 10.2　*若 a, b 是两个二进制长度为 k 的整数, 则计算这两个整数的和或差的计算需要 $O(k)$ 次比特运算.*

证明　设 $a = \sum\limits_{0\leqslant i\leqslant k-1} a_i 2^i$, $b = \sum\limits_{0\leqslant i\leqslant k-1} b_i 2^i$, 其中 $a_i, b_i \in \{0,1\}$, $i =$

$0,1,\cdots,k-1$. 则下面算法输出的 c 即为 $a+b$.

(1) $\gamma_0 \leftarrow 0$;

(2) **for** $i=0,\cdots,k-1$ **do**

$c_i = a_i + b_i + \gamma_i$; $\gamma_{i+1} \leftarrow 0$;

if $c_i \geqslant 2$ **then** $c_i = c_i - 2$; $\gamma_{i+1} \leftarrow 1$;

(3) $c_k \leftarrow \gamma_k$

return $\sum\limits_{0\leqslant i\leqslant k} c_i 2^i$.

由上面算法可知计算 $a+b$ 最多需要 $2k$ 次比特运算. □

定理 10.3 若 a,b 分别为 k 位与 l 位二进制数 $(k\leqslant l)$, 则计算它们的积或商需要 $O(l^2)$ 次比特运算, 即 $O(\log_2^2 b)$ 次比特运算.

证明 先来看看乘法的实现. 令 $a=\sum\limits_{0\leqslant i\leqslant k-1} a_i 2^i$, $b=\sum\limits_{0\leqslant j\leqslant l-1} b_j 2^j$, 其中 $a_i, b_j \in \{0,1\}$, $i=0,1\cdots,k-1$, $j=0,1\cdots,l-1$. 则下面算法输出的 c 即为 ab.

(1) **for** $i=0,\cdots,k-1$ **do** $d_i \leftarrow a_i 2^i b$;

(2) **return** $c=\sum\limits_{0\leqslant i\leqslant k-1} d_i$.

可见乘法可分以下两步完成:

(i) 对于每一个 $a_i (0\leqslant i\leqslant k-1)$, 计算 $a_i \sum\limits_{0\leqslant j\leqslant l-1} b_j 2^j$. 由于 a_i 取 0 或 1, 所以 $a_i \sum\limits_{0\leqslant j\leqslant l-1} b_j 2^j$ 的取值是 0 或者 $\sum\limits_{0\leqslant j\leqslant l-1} a_i b_j 2^j$, 至多需要 l 次比特运算.

(ii) 将求得的 $a_i \sum\limits_{0\leqslant j\leqslant l-1} b_j 2^j$ 乘以 2^i, 并对 $i=1,2,\cdots,k-1$ 求和, 得到乘积 ab. 其中乘以 2^i 是进行一次移位运算, 然后将 k 个数求和, 这些数至多是 $k+l$ 位的二进制数. 因此完成乘法所需要的比特运算次数是 $O(k(l+k))$, 假定 $k\leqslant l$, 于是 $O(k(l+k))=O(kl)$.

关于除法的证明类似, 作为练习证明留给读者. 得证. □

注 利用 Karatsuba 算法, 两个 n 位数相乘的时间复杂度是 $O(n^{1.59})$, 利用改进的快速傅里叶变换计算两个 n 位数相乘的时间复杂度是 $O(n\log n)$. 根据定理 10.3, 我们可以证明下列结论.

推论 10.4 计算 $n!$ 需要 $O(n^2\log_2^2 n)$ 次比特运算.

下面我们考虑初等数论中介绍的 Euclid 算法的时间估计.

定理 10.5 若 a, b 是二进制长度分别为 n 和 m 两个整数, 设 $n > m$, 利用 Euclid 算法计算 (a, b) 的时间复杂度为 $O(\log_2^2 a)$.

证明 对于给定的整数 a, b, 我们有

$$\begin{aligned}
a &= q_0 b + r_0, \quad 0 < r_0 < |b|, \\
b &= q_1 r_0 + r_1, \quad 0 < r_1 < r_0, \\
r_0 &= q_2 r_1 + r_2, \quad 0 < r_2 < r_1, \\
&\cdots\cdots \\
r_{k-5} &= q_{k-3} r_{k-4} + r_{k-3}, \quad 0 < r_{k-3} < r_{k-4}, \\
r_{k-4} &= q_{k-2} r_{k-3} + r_{k-2}, \quad 0 < r_{k-2} < r_{k-3}, \\
r_{k-3} &= q_{k-1} r_{k-2}.
\end{aligned}$$

上面算法可简写为

(1) $r_0 \leftarrow a;\ \ r_1 \leftarrow b$;

(2) $i \leftarrow 1$;

`while` $r_i \neq 0$ `do` $r_{i+1} \leftarrow r_{i-1} \mathrm{rem}\ r_i$; $i \leftarrow i+1$;

(3) `return` r_{i-1}.

这里 $r_{i-1}\mathrm{rem}\ r_i$ 表示 r_{i-1} 被 r_i 去除所得的余数.

估计这个算法要用到下述事实:

(1) 上述算法需要的除法次数最多是 $2n$;

(2) 带余除法运算 $a = bq + r$ 的时间复杂度为 $O((\log_2 a)(\log_2 q))$;

(3) 上述算法中的商 $q_0, q_1, \cdots, q_{k-1}$ 满足

$$\sum_{i=0}^{k-1} \log_2 q_i = \log_2 \prod_{i=0}^{k-1} q_i \leqslant \log_2 a,$$

故而完成 Euclid 算法需要的运算次数为

$$O\left((\log_2 a) \sum_{i=0}^{k-1} \log_2 q_i\right) = O\left(\log_2^2 a\right).$$

因此利用 Euclid 算法计算 (a, b) 的时间估计为 $O(\log_2^2 a)$. □

由于 Euclid 算法可以用于计算模 m 中元素的逆元及模 m 的一元一次方程等, 所以由定理 10.5 有以下结论.

推论 10.6 给定模 m, 对于任意的 $(a, m) = 1$, 利用 Euclid 算法计算 $a^{-1} \pmod m$ 所需要的时间为 $O(\log_2^2 m)$.

推论 10.7 给定模 m, 对于任意的 $(a,m)|b$, 利用 Euclid 算法计算一元一次方程 $ax \equiv b \pmod{m}$ 的解所需要的时间为 $O(\log_2^2 m)$.

上面推论用到下面扩展的 Euclid 算法.

```
输入: a, b ∈ Z
输出: l ∈ N; r_i, s_i, t_i ∈ Z, 0 ⩽ i ⩽ l+1; q_i, 1 ⩽ i ⩽ l
 r_0 ← a;  s_0 ← 1;  t_0 ← 0;
 r_1 ← b;  s_1 ← 0;  t_1 ← 1;
 i ← 1;
 while r_i ≠ 0 do
        q_i ← r_{i-1} quo r_i;
        r_{i+1} ← r_{i-1} − q_i r_i;
        s_{i+1} ← s_{i-1} − q_i s_i;
        t_{i+1} ← t_{i-1} − q_i t_i;
        i ← i + 1;
 l ← i − 1;
 return l, r_i, s_i, t_i for 0 ⩽ i ⩽ l+1, and q_i for 1 ⩽ i ⩽ l.
```

上面算法中 $r_{i-1}\text{quo } r_i$ 表示 r_{i-1} 被 r_i 去除所得的商. 对于上面的算法有下面的结论:

(1) 对于任意的 $0 \leqslant i \leqslant l$, 有 $\gcd(a,b) = \gcd(r_i, r_{i+1}) = r_l$;

(2) 对于任意的 $0 \leqslant i \leqslant l$, 有 $s_i a + t_i b = r_i$.

我们下面介绍我国古代数学家发明的计算模 m 中元素的逆元的**大衍求一术**. 这个简洁的方法载于秦九韶的《数书九章》, 有很多计算上的优点. 我们将在整数除法中取最小正剩余: 对整数 a 和正整数 b, 在这个法则下 a 除以 b 的商和余数分别为 $q = \left\lfloor \dfrac{a-1}{b} \right\rfloor$ 和 $r = a - bq$, 其中 $\lfloor \alpha \rfloor$ 为小于或等于 α 的最大整数. 下面是秦九韶的大衍求一术的现代算法表述.

```
输入: 正整数 a, m 满足 1 < a < m, gcd(a, m) = 1
输出: 整数 u 使 ua ≡ 1  (mod m).
 x_11 ← 1;   x_21 ← 0;   x_12 ← a;   x_22 ← m;
 while  (x_12 ≠ 1) do
   if ( x_22 > x_12 )
```

$$q \leftarrow \left\lfloor \frac{x_{22}-1}{x_{12}} \right\rfloor; \qquad r \leftarrow x_{22} - qx_{12};$$

$$x_{21} \leftarrow qx_{11} + x_{21};\ x_{22} \leftarrow r;$$

if ($x_{12} > x_{22}$)

$$q \leftarrow \left\lfloor \frac{x_{12}-1}{x_{22}} \right\rfloor; \qquad r \leftarrow x_{12} - qx_{22};$$

$$x_{11} \leftarrow qx_{21} + x_{11};\ x_{12} \leftarrow r;$$

$u \leftarrow x_{11};$

我们指出, 这个算法与扩展的 Euclid 算法是等效的.

在多数的公钥密码算法中, 最常用的一种运算是模幂运算. 模幂运算基本上是所有基于分解因子问题与离散对数问题的公钥密码算法的主要运算. 在给出模幂运算的时间估计之前, 首先给出一种最为常用的计算模幂运算的算法—— 平方乘算法.

给定模 m 及 $0 \leqslant a < m$, $0 \leqslant x < \varphi(m)$, 下面计算 $a^x \pmod m$:

输入: 正整数 m, $0 \leqslant a < m$, $0 \leqslant x = \sum\limits_{0 \leqslant i \leqslant k} b_i 2^i < \varphi(m)$

输出: $a^x \pmod m$.

$y \leftarrow 1;$

for $i = k, k-1, k-2, \cdots, 0$ **do**

$\quad y \leftarrow y^2 a^{b_i} \pmod m;$

return y;

于是得到下列定理.

定理 10.8 给定模 m 及 $0 \leqslant a < m, 0 \leqslant x < \varphi(m)$, 利用平方乘算法计算 $a^x \pmod m$ 需要 $O(\log_2^3 m)$ 次比特运算.

下面给出多项式时间算法的定义.

10.1.2 计算复杂性理论简介

定义 10.9 n_i 是 $k_i (1 \leqslant i \leqslant r)$ 位二进制数, 如果存在 $d_i > 0 (1 \leqslant i \leqslant r)$, 使得完成某个关于 $n_i (1 \leqslant i \leqslant r)$ 的算法需要 $O(k_1^{d_1} \cdots k_r^{d_r})$ 次比特运算, 则称这个算法是多项式时间算法. 实际上, 多项式时间算法就是要求存在多项式 $P(k_1, \cdots, k_r)$, 使得比特运算次数不超过 $P(k_1, \cdots, k_r)$.

一个要求给出解答的一般性提问, 称作一个问题, 如分解因子问题、离散对数问题、求最大公因子问题等.

复杂性理论把问题分成了若干类, 分类的依据是在图灵机上解决问题中最难的实例所需要的时间和空间. 所谓图灵机是一种具有无限读–写存储带的有限状态机, 具有一个有限状态控制器, 一个读写头和一条无限的读–写存储带. 工作时有限状态机给出一个状态, 读写头作出响应, 记录在读–写存储带上, 直到过程结束. 这实际上就是计算机的一个理想模型.

定义 10.10 设 M 是问题, 如果存在多项式 $P(x)$, 对于 M 中的任何一个实例 I, 使得解决这个实例在图灵机上运算的次数 $T_M(n)$, 满足 $T_M(n) \leqslant P(n)$, 其中 n 表示实例 I 的大小, 则称问题 M 是 P 类的.

显然, 前面所给出的加、减、乘、除运算、Euclid 算法、求模元素逆的算法、一元一次方程的算法等, 都是 P 类的.

我们改造一下图灵机, 构成所谓非确定型图灵机 (NTM): 加入一个猜测头, 它能把最优的状态猜测并写出来, 由有限状态控制器去验证. 若一个判定性问题, 在非确定型图灵机上的验证是有限步的, 则称这个问题是 NTM 可解的.

定义 10.11 设 M 是问题, 如果存在多项式 $P(x)$, 对于 M 中的任何一个实例 I, 存在能够解决 I 的一个猜测 ω, 使得验证这个猜测 ω 在确定型图灵机上运算的次数 $T_M(n)$, 满足 $T_M(n) \leqslant P(n)$, 其中 n 表示实例 I 的大小, 则称这个问题是 NP 类的.

首先, P 类是属于 NP 类的 ($P \subseteq NP$). 但 $NP \subseteq P$ 却没有被证明. 而且人们倾向于认为 $P \neq NP$, 即存在某个问题是没有多项式时间算法的, 虽然这也同样还没有证明. 数论中所谓的困难问题, 例如大数的因子分解问题是 NP 类的. 许多公钥密码学算法的安全性就是建立在 $P \neq NP$ 这一假设的基础上的. 由此可见算法复杂性理论在密码学中的重要性.

若 M_1, M_2 是两个判定性问题, 存在一个多项式时间算法, 可以把 M_1 的任意实例变换为 M_2 的某个实例, 则称 M_1 可多项式归约为 M_2, 记作 $M_1 \propto M_2$. 两个可以相互多项式归约的问题称为是多项式时间等价的. 更一般地, 如果在某一个安全概率 ρ 以上 (即要求把 M_1 的实例成功变换为 M_2 的某个实例的概率至少是 ρ), 两个问题是多项式时间等价的, 则称为概率多项式时间等价.

定义 10.12 若判定问题 $M \in NP$, 而对任意其他判定问题 $M' \in NP$, 都有 $M' \propto M$, 则称 M 属于 NP-C 类.

如果存在这样一个判定问题 M 属于 NP-C 类, 并且能证明 M 有多项式时间

算法 (即 $M \in P$), 那么显然有 $NP = P$; 反之, 如果有一个 NP 问题是难解的 (没有多项式时间算法), 那么所有的 NP-C 问题都是难解的, 即有 $NP\text{-}C \in NP \backslash P$, 这是密码工作者所希望的结果.

第一个被证明的 NP-C 问题是逻辑表达式可满足性问题 (SAT 问题). 顶点覆盖问题和哈密顿回路问题也是 NP-C 类.

10.2 素 检 测

10.2 素检测

素数在密码学中, 特别是在公钥密码学中, 具有非常重要的应用, 例如, 在某些密码方案的参数设置阶段往往需要选取一些大的素数. 给定一个随机数, 判断这个数是否为素数的问题简记为素判定问题. 2002 年印度的计算机科学家证明素判定问题是一个 P 问题.

本节的主要目的是描述两种素判定的概率算法.

引理 10.13　设 n 是素数, 对于任意的 $b \in \mathbb{Z}_n^*$, 有

$$b^{\frac{n-1}{2}} \equiv \left(\frac{b}{n}\right) \pmod n,$$

其中 $\left(\frac{b}{n}\right)$ 是 Jacobi 符号.

定义 10.14　设 n 是奇合数, $(b,n)=1$. $\left(\frac{b}{n}\right)$ 是 Jacobi 符号. 若

$$b^{\frac{n-1}{2}} \equiv \left(\frac{b}{n}\right) \pmod n, \tag{10.1}$$

则称 n 是对基 b 的 Euler 型伪素数.

定理 10.15　设 n 是奇合数, 在 $\mathbb{Z}_n^*$ 中至少有一半的 b 使得式 (10.1) 不成立.

证明　设 $b_1, \cdots, b_k$ 是 $\mathbb{Z}_n^*$ 中所有使得式 (10.1) 成立的不同数, 而设 $b \in \mathbb{Z}_n^*$ 使得式 (10.1) 不成立 (这样的 b 肯定存在). 由 Jacobi 符号的性质知, 对于 $1 \leqslant i \leqslant k$, 由于

$$b^{\frac{n-1}{2}} \not\equiv \left(\frac{b}{n}\right) \pmod n, \quad b_i^{\frac{n-1}{2}} \equiv \left(\frac{b_i}{n}\right) \pmod n,$$

故

$$\left(\frac{b}{n}\right)\left(\frac{b_i}{n}\right) = \left(\frac{bb_i}{n}\right) \not\equiv (bb_i)^{\frac{n-1}{2}} \pmod n.$$

即 $bb_1, \cdots, bb_k$ 都使 (10.1) 不成立, 而 $bb_1, \cdots, bb_k$ 是互不相同的, 所以使得 (10.1) 式不成立的数也至少有 k 个. 由此得出结论. □

定义 10.16 设 n 是奇合数, $n-1=2^s t, 2 \nmid t$, 又设 $b \in \mathbb{Z}_n^*$. 若对于某个 r, $0 \leqslant r < s$,

$$b^t \equiv 1 \pmod n \quad \text{或} \quad b^{2^r t} \equiv -1 \pmod n$$

成立, 则称 n 是对基 b 的强伪素数.

关于强伪素数, 我们有

定理 10.17 设 n 是奇合数, $b \in \mathbb{Z}_n^*$, 则 n 是对基 b 的强伪素数的概率不大于 $\frac{1}{4}$.

证明比较繁琐, 有兴趣的读者可参考有关文献 [10].

下面介绍两种素检测算法: Solovay-Strassen 算法和 Rabin-Miller 算法.

Solovay-Strassen 算法 这个算法用 Jacobi 函数的性质测试 p 是否为素数, 步骤如下:

(1) 选择一个小于 p 的随机数 a.

(2) 求两数的最大公因子, 若 $(a,p) \neq 1$, 则 p 是合数, 不能通过测试, 返回 p 是合数.

(3) 计算 $j \leftarrow a^{\frac{p-1}{2}} \pmod p$.

(4) 计算 Jacobi 符号 $\left(\frac{a}{p}\right)$.

(5) 如果 $j \not\equiv \left(\frac{a}{p}\right) \pmod p$, 则 p 肯定不是素数; 如果 $j \equiv \left(\frac{a}{p}\right) \pmod p$, 那么 p 通过测试, 由定理 10.15, 它不是素数的可能性不超过 $\frac{1}{2}$.

(6) 如果 p 通过测试, 重新选取随机的 a, 重复以上测试 t 次, 若 p 都通过, 则 p 是合数的概率最大为 $\frac{1}{2^t}$.

我们可以根据所需要的安全度确定 t 的大小.

Rabin-Miller 算法 此算法是一个简单而使用广泛的算法. 首先选择一个待测的 p, 计算 b 和奇数 m, 使得 $p=1+2^b m$. 然后进行下列步骤:

(1) 选择小于 p 的随机数 a.

(2) 设定步数初值 $j=0$, 并令 $z \leftarrow a^m \pmod p$.

(3) 若 $z=1$ 或 $z=p-1$, 则 p 可能是素数, 通过测试.

(4) 步数值加 1, 若 $j<b$ 且 $z \neq p-1$, 赋值 $z \leftarrow z^2$.

(5) 若 $z=1$, 则 p 不是素数. 若 $z=p-1$, 则 p 可能是素数, 通过测试. 否则回到第 (4) 步.

(6) 如果 $j=b$ 且 $z\neq p-1$, 则 p 不是素数.

这个算法比上一个更快, 由定理 10.17 知, p 可能是素数的概率是 $\dfrac{3}{4}$. 最后, 我们通过一个定理说明在广义 Riemann 猜想成立的条件下, 素判定是多项式的.

定理 10.18　若广义 Riemann 猜想成立, 则存在一个常数 $C>0$, 使得对于大于 1 的任何奇数, 下列结论是等价的:

(1) n 是素数;

(2) 对所有的 $a\in\mathbb{Z}_n^*$ 且 $a<C(\log n)^2$, $a^{\frac{n-1}{2}}\equiv\left(\dfrac{a}{n}\right)\pmod n$ 成立.

10.3　分解因子问题

10.3 分解因子问题

密码学中有相当多的公钥密码算法均基于分解因子的困难性, 也就是说, 如果分解因子问题是多项式时间可解或者在可能的计算资源条件下可以分解, 那么基于这些问题的密码算法即可破译, 例如, 加密算法生成的密文可以被破解出相应的明文, 数字签名可以被不法者伪造, 甚至电子钱币可以被不法者重复使用而不被发现.

因此对于这些困难问题, 我们不仅要知道它是一个困难问题, 而且需要及时了解这些困难问题最快的求解算法, 才可以确定关于该问题的安全参数的长度. 如关于 $n=pq$ 的分解因子问题早在 1978 年就已经被用于设计著名的公钥加密算法 RSA, 其中 p,q 为两个长度相当的大素数. $n=pq$ 的安全长度从早期的 256 比特增加到现在的 2048 比特, 反映了计算机速度的提高以及数学家对相关困难问题的求解方法的改进对于密码算法的影响.

求大整数 n 的因子最古老的算法是初等数论介绍的 Eratosthenes 筛法, 也称为试除法, 也就是测试所有不大于 $\sqrt{n}$ 的素数, 看它是不是 n 的因子. 这个算法要运行 $O\left(\dfrac{\sqrt{n}}{\ln\sqrt{n}}\right)$ 次除法. 目前分解因子的最快的方法有两种: 一个方法是曾经被广泛应用的二次筛法 (quadratic sieve, QS). 这个算法对小于 110 位的十进制数来说, 到目前为止还是最快的, 其渐近运行时间是

$$\mathrm{e}^{(1+o(1))(\ln n)^{\frac{1}{2}}(\ln\ln n)^{\frac{1}{2}}}.$$

另一个算法是数域筛法 (number field sieve, NFS), 它对于大于 110 位的十进制数的分解是已知最快的算法. NFS 的渐近运行时间是

$$\mathrm{e}^{(1.923+o(1))(\ln n)^{\frac{1}{3}}(\ln\ln n)^{\frac{2}{3}}}.$$

因子分解是一个发展迅速的领域, 而且数学理论的进展是不可预见的. 虽然所有的尝试都不能从根本上解决它, 但毕竟还是有了一些进展, 分解因子算法的改进结合计算机速度的提高将不断影响着安全参数 n 的长度的增加. 在 20 世纪 70 年代, 根据当时计算机的计算速度以及分解因子的计算公式, 找到一个 100 比特以上素数是困难的, 因此当时认为 $n = pq$ 的安全长度为 256 比特. 到 20 世纪 90 年代初, 多台联网的计算机成功分解了一个 428 位的数, 而且用的还不是最快的 NFS 算法. 一般认为, 对于一个大规模的组织来说, 512 位的模数是易于攻击的. 现行安全的模数的长度是 2048 位.

为了跟上因子分解的发展, RSA 公司在 1991 年设立了 RSA 因子分解挑战, 包含一系列从 100 位 (十进制) 到 500 位较难分解的数, 但该挑战于 2007 年中止. 截至 2020 年 2 月, 公开的被分解的 RSA 挑战数长度已达到 829 比特.

10.4 RSA 问题与强 RSA 问题

RSA 问题是 Rivest, Shamir 和 Adleman 于 1978 年针对著名的公钥密码算法 RSA 提出的. 它在一定程度上反映了 RSA 加密算法 (签名算法) 的安全强度. 虽然没有人能够证明 RSA 问题的难度是否等价于大整数分解的难度, 但是人们相信 RSA 问题是一个困难问题, 并且将 RSA 问题作为设计安全密码算法的依据. 换句话说, 如果一个密码算法破译的难度等价于破解 RSA 问题, 则该算法被公认为是安全的.

10.4 RSA问题与强RSA问题

设 p, q 是两个二进制长度相当的大素数, 满足 $n = pq$ 的二进制长度不小于 1024 比特, 而且 $p-1$, $q-1$ 都有大的素因子, 称 n 为 RIPE 合数.

定义 10.19 给定一个 RIPE 合数 $n = pq$ 和一个满足 $(e, \varphi(n)) = 1$ 的正奇数 e, 对于任给的随机整数 $c \in \mathbb{Z}_n^*$, 求满足 $m^e \equiv c \pmod n$ 的整数 m, 称该问题为 RSA 问题.

由定义知, RSA 问题即为求 $\mathbb{Z}_n^*$ 中的 e 次根, 与一般的 e 次根不同的是: $n = pq$, 且 e 为正奇数. RSA 假设就是不存在多项式时间算法求解 RSA 问题. 而相应的大数分解问题假设则是说对 n 不存在多项式时间算法可以分解出 $n = pq$.

在 RSA 问题的基础上, Baric 与 Pfitzmann 和 Fujisaki 与 Okamoto 分别于 1997 年引进了强 RSA 问题.

定义 10.20 设 $n = pq$ 是一个 RSA 问题的模, G 是 $\mathbb{Z}_n^*$ 的循环子群. 给定 n, 对于任意随机选取的 $z \in G$, 求 $(u, e) \in G \times \mathbb{Z}_n$, 满足 $z \equiv u^e \pmod n$.

实际上强 RSA 问题就是求模 n 的任意次方根问题. 而强 RSA 假设是说, 对

任意的多项式 $P(l)$, 使得能够在多项式时间内找到 $z \equiv u^e \pmod n$ 的解 $(u, e) \in G \times Z_n$ 的概率小于 $1/P(l)$, l 一般取为 n 的二进制长度.

一般地, 基于 RSA 问题及其派生 RSA 问题 (如强 RSA 问题) 的密码算法通常被划为基于分解因子系列的密码算法. RSA 类问题的提出, 使基于分解因子问题的密码算法的设计更加灵活, 功能更加多样, 并且能够保证密码算法的安全性. 例如, 许多盲签名、群签名方案乃至电子钱币等应用性很强的密码算法都是基于 RSA 问题或派生 RSA 问题设计的.

10.5 二次剩余

10.5 二次剩余

二次剩余问题在前面的章节中我们已经较详细地讨论过, 由于二次剩余问题在密码学中的诸多应用, 我们在此就二次剩余在密码学中涉及的诸多特性进行讨论. 如果没有特别说明, 本节所讨论的二次剩余均是 $\mathbb{Z}_n^*$ 中的二次剩余问题, 且 n 满足如下条件: $n = pq, p \equiv 3 \pmod 4, q \equiv 3 \pmod 4$, 称满足以上条件的 n 为 **Blum 数**. 从而有下列结论:

定理 10.21 若 n 为 Blum 数, 则 (-1) 为 $\mathbb{Z}_n^*$ 中的二次非剩余且 $\left(\frac{-1}{n}\right) = 1$.

定理的证明比较容易, 由读者自己补出.

在一些密码算法中, 以上定理的结论是非常重要的, 这也正是给出 Blum 数定义的一个原因.

定义 10.22 (求解二次剩余假设) 设 $n = pq$, 是两个大素数的乘积, 随机选取 $a \in QR_n$, 求 x 使得 $x^2 \equiv a \pmod n$ 是一个困难问题.

在本节中, 我们将证明二次剩余假设概率多项式等价于 n 的分解因子问题. 关于模 $n = pq$ 的二次剩余问题, 我们有进一步的结论:

定理 10.23 任给 $a \in QR_n$, 则 a 有四个模 n 的平方根.

证明 由中国剩余定理知, $x^2 \equiv a \pmod n$ 的解等价于方程组

$$\begin{cases} x^2 \equiv a \pmod p, \\ x^2 \equiv a \pmod q \end{cases}$$

的解. 设 $x^2 \equiv a \pmod p$ 有两个根 $\pm x_0$, $x^2 \equiv a \pmod q$ 有两个根 $\pm x_1$, 则

$x^2 \equiv a \pmod n$ 有以下四个根

$$\begin{cases} x \equiv \pm x_0 \pmod p, \\ x \equiv \pm x_1 \pmod q. \end{cases}$$

定理得证. □

定理 10.24 每一个二次剩余的四个平方根中仅有一个平方根是模 n 的二次剩余.

证明 设 a 是模 n 的二次剩余, 由定理 10.23 可进一步证明 a 的四个平方根, 可以设为 $\pm x, \pm y$, 并且

$$x \equiv y \pmod p, \quad x \equiv -y \pmod q.$$

于是有 Jacobi 符号 $\left(\dfrac{x}{n}\right) = -\left(\dfrac{y}{n}\right)$. 又不妨设 x 是使得 $\left(\dfrac{x}{n}\right) = 1$ 的平方根, 从而要么 $\left(\dfrac{x}{p}\right) = \left(\dfrac{x}{q}\right) = 1$, 要么 $\left(\dfrac{-x}{p}\right) = \left(\dfrac{-x}{q}\right) = 1$, 这样, $x, -x$ 中一定有一个是模 n 的二次剩余.

从上面两个定理进一步可以知道, 每个二次剩余 a 有 4 个平方根 x_1, x_2, x_3, x_4, 它们满足

$$\left(\frac{x_1}{p}\right) = \left(\frac{x_1}{q}\right) = 1, \quad \left(\frac{x_2}{p}\right) = \left(\frac{x_2}{q}\right) = -1,$$

$$\left(\frac{x_3}{p}\right) = -\left(\frac{x_3}{q}\right) = 1, \quad \left(\frac{x_4}{p}\right) = -\left(\frac{x_4}{q}\right) = -1.$$

定理得证. □

二次剩余在密码学中的重要性还体现在以下结论中.

定理 10.25 n 的因子分解问题的算法复杂性概率多项式等价于求 n 的二次剩余问题.

证明 首先证明: 如果存在一个多项式时间算法 A, 对所有输入的 n, 输出 n 的一个素因子, 那么一定存在多项式时间算法 B, 对所有输入为 (n, x), x 是 n 的二次剩余, 输出 x 的一个平方根. 定义算法 B:

(1) 设 $A(n) = p$, 则 $q = \dfrac{n}{p}$;

(2) 根据定理 10.23 即可求出模 n 的四个平方根.

其次如果存在多项式时间算法 B, 对所有输入为 (n,x), x 是 n 的二次剩余, 输出 x 的一个平方根, 那么存在一个多项式时间算法 A, 对所有输入的 n 以 1/2 的概率输出 n 的一个素因子.

我们如下定义算法 A:

(1) 选择一个随机数 a 使得 $\left(\frac{a}{n}\right)=-1$, 输入 $x\equiv a^2 \pmod n$, B 输出 x 的一个平方根 b;

(2) 若 $\left(\frac{b}{n}\right)=1$, 计算 $\gcd(a-b,n)$ 或 $\gcd(a+b,n)$ 即得到 n 的一个素因子. 定理得证. □

最后我们给出一个假设:

定义 10.26 (判断二次剩余假设) 设 $n=pq$ 是两个大素数的乘积, 随机选取 $a\in\mathbb{Z}_n^*$, $\left(\frac{a}{n}\right)=1$, 判定 $a\in QR_n$ 是否成立是一个困难问题.

关于判断模 n 的二次剩余问题的难度, 到目前为止还没有人给出证明. 但大家认为它是困难的. 该问题已被用于设计概率加密等密码算法.

10.6 离散对数问题

10.6 离散对数问题

应用密码学中经常用到的另一个困难问题是离散对数问题. 离散对数问题与分解因子问题构成了公钥密码学两大数学难题, 因此根据这两类困难问题可将公钥密码方案基本上分成两大系列—— 基于离散对数的密码方案与基于分解因子的密码方案. 如同 RSA 问题派生出强 RSA 问题一样, 离散对数问题也派生几个困难问题及其假设.

定义 10.27 设 g 为 $\mathbb{Z}_p^*$ 的原根 (也可以说成有限循环群 $\mathbb{Z}_p^*$ 的生成元), 任给元素 $y\in\mathbb{Z}_p^*$, 求唯一的 x, $1\leqslant x<p-1$, 使得 $g^x\equiv y \pmod p$, 称 x 为模 p 以 g 为底 y 的离散对数.

求离散对数问题即为求指标问题. 前面我们已经介绍过如果已知 $1\leqslant x<p-1$, 求 $y\in\mathbb{Z}_p^*$, 使 $g^x\equiv y \pmod p$ 并不困难, 但是求其逆问题——离散对数问题, 到目前为止还不存在多项式时间算法, 已知的最好的计算方法 NFS (数域筛法), 它的渐近时间估计为

$$\mathrm{e}^{(1.923+o(1))(\ln(p))^{1/3}(\ln(\ln(p)))^{2/3}}.$$

从 $\mathbb{Z}_p^*$ 离散对数问题与 n 的分解因子的数域筛法估计式看, 两者的难度似乎相当. 但到目前为止, 没有人能够证明这两个问题当中, 谁更困难.

定义 10.28 有限循环群 $\mathbb{Z}_p^*, g, h$ 分别为 p 的不相关原根 (即 g 对 h 的离散对数未知), 对于任何 a 满足 $(a,p)=1$, 将 a 表示为 $a \equiv g^\alpha h^\beta \pmod p$, (α,β) 称为模 p 以 g,h 为底 a 的一个表示.

上面的定义同样可以扩充到多个原根的情况.

定义 10.29 有限循环群 $\mathbb{Z}_p^*, g_1, g_2, \cdots, g_s$ 分别为 p 的不相关原根, 对于任何 a 满足 $(a,p)=1$, 将 a 表示为

$$a \equiv g_1^{\alpha_1} g_2^{\alpha_2} \cdots g_s^{\alpha_s} \pmod p,$$

$(\alpha_1, \alpha_2, \cdots, \alpha_s)$ 称为模 p 以 $g_1, g_2, \cdots, g_s$ 为底的 a 的一个表示.

a 的这种表示形式在群签名、可以追踪身份的盲签名有非常重要的应用. 特别是可追踪身份的盲签名可以用于设计电子钱币方案.

另外, 我们还要介绍一个与离散对数问题相关的假设.

定义 10.30 (Diffie-Hellman 问题) 设 g 为有限循环群 $\mathbb{Z}_p^*$ 的生成元, 对任意的

$$a, b \in \mathbb{Z}_p^*, a \equiv g^x \pmod p, \quad b \equiv g^y \pmod p,$$

在 x, y 未知情况下, 求 $c \equiv g^{xy} \pmod p$.

如同 RSA 问题是 RSA 加密算法的安全衡量标准一样, Diffie-Hellman 问题 (简记 DH 问题) 是 Diffie-Hellman 密钥交换体制的安全衡量标准. DH 问题的难度至今没有人能够证明, 但是一般大家都认为 DH 问题是困难的. DH 问题与离散对数问题有以下关系: 如果离散对数问题是多项式时间可计算的, 则 DH 问题也是多项式时间可计算的; 反过来未必成立, 但是可以证明, 满足一定的条件时, 两者是等价的, 当然这些情况下的离散对数问题仍是困难的, 否则就失去了两个问题在密码学中的作用.

最后, 我们描述一下椭圆曲线上的离散对数问题. 在群论中作为有限群的例子, 我们已经引入了椭圆曲线的一般定义, 并介绍了椭圆曲线上的有理点群. 这种群的结构及特性, 特别是定义在群上的离散对数问题在密码学中是非常重要的, 它是基于椭圆曲线一系列密码算法的理论根据. 而基于椭圆曲线的密码算法目前仍是密码学中研究的热点之一. 密码算法中所用到的椭圆曲线通常是如下形式.

定义 10.31 设 p 为大于 3 的素数, 有限域 $\mathbb{F}_p$ 上的椭圆曲线 $E_p(a,b)$ 是由方程

$$y^2 = x^3 + ax + b$$

的解 $(x,y) \in \mathbb{F}_p \times \mathbb{F}_p$ 的集合, 以及一个无穷远点 $\mathcal{O}$ 组成的.

定义 10.32　设 G 是有限域 $\mathbb{F}_q$ 上的椭圆曲线群的循环子群, 点 P 是 G 的生成元 $G=(P)$, 对任给的点 $Q \in G$, 求正整数 l, 使得 $Q=lP$, 这就是有限域上椭圆曲线的离散对数问题.

10.7　使用 SageMath 求解公钥密码学中的数学问题

SageMath 包含了一些求解公钥密码学中的数学问题的算法实现, 下面给出部分示例.

例 10.33　使用 `xgcd(a,b)` 可以输出 a,b 的最大公因子, 并且表示为整系数线性组合; `power_mod(a,x,m)` 可以计算 $a^x \pmod m$.

```
sage:def Fermat(n):  return 2^(2^n)+1
sage:d,a,b = xgcd(Fermat(4),Fermat(5)); d,a,b
(1, 2147450881, -32768)
sage:a*Fermat(4)+b*Fermat(5)
1
sage:power_mod(2,2^5,641)
640
sage:Fermat(4).is_prime()
True
sage:Fermat(5).is_prime()
False
```

例 10.34　使用 `factor(n)` 可以输出 n 的素因数分解式.

```
sage:def Fermat(n):  return 2^(2^n)+1
sage:print(Fermat(5),factor(Fermat(5)))
4294967297 641 * 6700417
sage:print(Fermat(6),factor(Fermat(6)))
18446744073709551617 274177 * 67280421310721
```

例 10.35　求解有限域中的离散对数可以如下计算.

```
sage:F1 = GF(100003)
sage:g = F1.primitive_element(); g
2
sage:discrete_log(100000,g,F1.order()-1)
```

```
36448
sage:power_mod(2,36448,100003)
100000
sage:F2.<a> = GF(3^6,'a'); F2
Finite Field in a of size 3^6
sage:discrete_log(a^5+2*a^4+a^2+1,a,F2.order()-1)
102
sage:a^102
a^5 + 2*a^4 + a^2 + 1
```

例 10.36 有限域上椭圆曲线的离散对数可以如下计算.

```
sage:E = EllipticCurve(GF(314159),[0,0,0,3,7]); E
Elliptic Curve defined by y^2 = x^3 + 3*x + 7 over Finite Field
of size 314159
sage:E.cardinality()
313884
sage:P = E([261649,207822]); Q = E([34062,197734])
sage:discrete_log(Q,P,operation='+')
12345
sage:12345*P
(34062 : 197734 : 1)
```

习 题 10

1. 应用扩展 Euclid 算法计算 221 和 493 的最大公因子, 并且表示为 221 和 493 的整系数线性组合.

2. 计算模幂 3^{45} (mod 35).

3. 设 $a \in \mathbb{Z}, n \in \mathbb{N}, n \geqslant 2$, 并且 $(a,n)=1$. 证明: n 是素数当且仅当

$$(X+a)^n \equiv X^n + a \pmod{n}.$$

4. 证明素判定问题属于 $P \cap NP$.

5. 求解同余方程 $x^2 \equiv 67$ (mod 77).

6. 求解下列离散对数问题.

(1) 求解 17 模 23 以 5 为底的离散对数.

(2) 设 $E: y^2 = x^3 + x + 1$ 是定义在有限域 $\mathbb{F}_{11}$ 上的椭圆曲线, 点 $P=(1,6), Q=(4,5) \in E$, 求解正整数 m 使得 $Q = mP$.

第 11 章　格的基本知识

格是几何数论 (也称数的几何) 的研究对象, 和数学中的很多分支有密切的联系, 如丢番图逼近、代数数论、球堆积等. 格理论在密码方案的分析和设计中都有重要的应用. 由于 Shor 设计的量子算法可以有效求解整数分解问题和离散对数问题, 设计抵抗量子攻击的密码方案具有重要意义, 基于格设计的密码方案因其综合性能的优势是被广泛采用的设计方法之一. 本章的主要目的是介绍格的基本概念、格相关的计算问题、LLL 格基约化算法和应用示例.

11.1　基本概念

11.1 格的基本概念

定义 11.1　设 $\mathbb{R}$ 是实数集, $\mathbb{R}^m$ 是 m 维欧氏空间, $\mathbb{R}^m$ 中的元素用列向量表示. 定义 $\mathbb{R}^m$ 中的内积

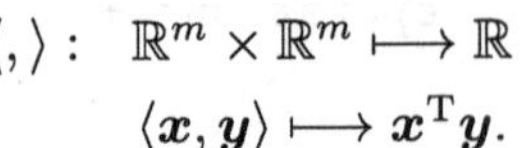

$$\begin{aligned}\langle , \rangle:\ \mathbb{R}^m \times \mathbb{R}^m &\longmapsto \mathbb{R}\\ \langle \boldsymbol{x}, \boldsymbol{y}\rangle &\longmapsto \boldsymbol{x}^{\mathrm{T}}\boldsymbol{y}.\end{aligned}$$

此内积定义了 $\mathbb{R}^m$ 中向量的长度 $||\cdot||$, 即对 $\forall \boldsymbol{x} \in \mathbb{R}^m$, $||\boldsymbol{x}|| = \sqrt{\boldsymbol{x}^{\mathrm{T}}\boldsymbol{x}}$.

定义 11.2　设 $\boldsymbol{b}_1, \boldsymbol{b}_2, \cdots, \boldsymbol{b}_n$ 是 $\mathbb{R}^m$ 中 n 个线性无关的向量 $(m \geqslant n)$, $\mathbb{Z}$ 为整数集, 称

$$\mathcal{L}(\boldsymbol{b}_1, \boldsymbol{b}_2, \cdots, \boldsymbol{b}_n) = \left\{\sum_{i=1}^{n} x_i \boldsymbol{b}_i : x_i \in \mathbb{Z}\right\}$$

为 $\mathbb{R}^m$ 中的一个格, 简记为 L, 称 $\boldsymbol{b}_1, \boldsymbol{b}_2, \cdots, \boldsymbol{b}_n$ 为格 L 的一组基, m 为格 L 的维数, n 为格 L 的秩.

格 L 的基也常写成矩阵的形式, 即以 $\boldsymbol{b}_1, \boldsymbol{b}_2, \cdots, \boldsymbol{b}_n$ 为列向量构成矩阵 $\boldsymbol{B} = [\boldsymbol{b}_1, \boldsymbol{b}_2, \cdots, \boldsymbol{b}_n] \in \mathbb{R}^{m\times n}$, 那么格 L 可以写成

$$\mathcal{L}(\boldsymbol{B}) = \{\boldsymbol{B}\boldsymbol{x} : \boldsymbol{x} \in \mathbb{Z}^n\}.$$

定义格的行列式 $\det(L) = \sqrt{\boldsymbol{B}^{\mathrm{T}}\boldsymbol{B}}$. 当 $m = n$ 时, 称格 L 为 n 维满秩的, 此时格 L 的行列式为矩阵 $\boldsymbol{B}$ 的行列式的绝对值即 $\det(L) = |\det(\boldsymbol{B})|$.

假设 $\boldsymbol{B}_1, \boldsymbol{B}_2 \in \mathbb{Z}^{m\times n}$ 都是秩为 n 的矩阵, 可以证明 $\mathcal{L}(\boldsymbol{B}_1) = \mathcal{L}(\boldsymbol{B}_2)$ 当且仅当存在 $\boldsymbol{U} \in \mathbb{Z}^{n\times n}$, $|\det(\boldsymbol{U})| = 1$ 使得

$$\boldsymbol{B}_1 = \boldsymbol{B}_2\boldsymbol{U}.$$

因此 $\det(L)$ 与格基的选择无关.

将 $\mathbb{R}^m$ 中的一组线性无关的向量 $\boldsymbol{b}_1, \boldsymbol{b}_2, \cdots, \boldsymbol{b}_n$ 正交化, 可得到一组正交向量 $\boldsymbol{b}_1^*, \boldsymbol{b}_2^*, \cdots, \boldsymbol{b}_n^*$, 我们总结 Gram-Schmidt 正交化过程如下:

令 $\boldsymbol{b}_1, \boldsymbol{b}_2, \cdots, \boldsymbol{b}_n$ 是 $\mathbb{R}^m$ 中的格 L 的一组基, 定义 $\boldsymbol{b}_1^* = \boldsymbol{b}_1$,

$$\boldsymbol{b}_i^* = \boldsymbol{b}_i - \sum_{j=1}^{i-1} \mu_{i,j}\boldsymbol{b}_j^*, \quad i > 1,$$

其中

$$\mu_{i,j} = \frac{\langle \boldsymbol{b}_i, \boldsymbol{b}_j^* \rangle}{\langle \boldsymbol{b}_j^*, \boldsymbol{b}_j^* \rangle}, \quad 1 \leqslant j < i \leqslant n,$$

那么 $\boldsymbol{b}_1^*, \boldsymbol{b}_2^*, \cdots, \boldsymbol{b}_n^*$ 是 $\mathbb{R}^m$ 中的一组正交向量. 注意这里 $\boldsymbol{b}_1^*, \boldsymbol{b}_2^*, \cdots, \boldsymbol{b}_n^*$ 通常不是格 L 的基. 特别地, 格 L 的行列式满足

$$\det(L) = \prod_{1\leqslant i\leqslant n} \|\boldsymbol{b}_i^*\|, \quad \det(L) \leqslant \prod_{1\leqslant i\leqslant n} \|\boldsymbol{b}_i\|.$$

11.2 格相关的计算问题

11.2 格相关的计算问题

本节介绍一些格相关的计算问题, 这些问题可以分为两类: 一类是直接定义在格上的计算问题, 核心问题有最短向量问题 (shortest vector problem, SVP)、最近向量问题 (closest vector problem, CVP); 另外一类是和格相关的计算问题, 代表性的问题有 NTRU 问题 [7]、小整数解问题 (short integer solution problem, SIS) [1]、容错学习问题 (learning with errors problem, LWE) [13].

定义 11.3 给定一组格基 $\boldsymbol{B} \in \mathbb{Z}^{m\times n}$ 和有理数 r. 求解最短向量问题是找到格向量 $\boldsymbol{v} \in \mathcal{L}(\boldsymbol{B})$ 使得 $\|\boldsymbol{v}\| = \lambda_1(\mathcal{L}(\boldsymbol{B}))$. 判定最短向量问题是判断是否 $\lambda_1(\mathcal{L}(\boldsymbol{B})) \leqslant r$.

SVP 已被证明在随机约化下是 NP-困难问题. 下面介绍关于最短向量的存在性定理, 即 Minkowski 第一定理, 给出格中最短向量长度的一个上界.

首先考虑在一个给定的特殊区域里是否存在某个事先给定的格的非零向量问题, 即下面的 Minkowski 定理.

定理 11.4　设 L 是 $\mathbb{R}^m$ 中的格, S 是 $\mathbb{R}^m$ 中一个可测的关于原点对称 (即 $a \in S \Rightarrow -a \in S$) 的凸集 (即 $\alpha, \beta \in S \Rightarrow \frac{1}{2}(\alpha+\beta) \in S$), 若 S 的体积 $\mu(S) \geqslant 2^n \det(L)$, 则 $S \cap L$ 中有非零向量.

证明这里略去, 有兴趣的读者可参阅参考文献 [16].

利用这一定理可证明下面的 Minkowski 第一定理.

定理 11.5　设 L 是 $\mathbb{R}^m$ 中秩为 n 的格, 设格 L 中最短向量的长度为 λ_1, 那么 $\lambda_1 < \sqrt{n}\det(L)^{\frac{1}{n}}$.

证明　设格 L 的一组基为 $\boldsymbol{b}_1, \boldsymbol{b}_2, \cdots, \boldsymbol{b}_n$, 设 $\boldsymbol{B} = [\boldsymbol{b}_1, \boldsymbol{b}_2, \cdots, \boldsymbol{b}_n] \in \mathbb{R}^{m\times n}$, 记向量 $\boldsymbol{b}_1, \boldsymbol{b}_2, \cdots, \boldsymbol{b}_n$ 生成的线性空间为 $\mathrm{span}(\boldsymbol{b}_1, \boldsymbol{b}_2, \cdots, \boldsymbol{b}_n)$, 即

$$\mathrm{span}(\boldsymbol{b}_1, \boldsymbol{b}_2, \cdots, \boldsymbol{b}_n) = \{\boldsymbol{B}\boldsymbol{x}, \boldsymbol{x} \in \mathbb{R}^n\}.$$

设 $S = \mathcal{B}(O, \sqrt{n}\det(L)^{\frac{1}{n}}) \cap \mathrm{span}(\boldsymbol{b}_1, \boldsymbol{b}_2, \cdots, \boldsymbol{b}_n)$ 是 $\mathrm{span}(\boldsymbol{b}_1, \boldsymbol{b}_2, \cdots, \boldsymbol{b}_n)$ 中以原点为中心, 以 $\sqrt{n}\det(L)^{\frac{1}{n}}$ 为半径的开球, 注意到 S 的体积严格大于 $2^n\det(L)$, 因为 S 中包含一个 n 维的边长为 $2\det(L)^{\frac{1}{n}}$ 的超立方体, 故由定理 11.4 存在一个非零向量 $\boldsymbol{v} \in S \cap L$, 使得 $||\boldsymbol{v}|| < \sqrt{n}\det(L)^{\frac{1}{n}}$.

因此, 格 L 中最短向量的长度 λ_1 满足

$$\lambda_1 \leqslant ||\boldsymbol{v}|| < \sqrt{n}\det(L)^{\frac{1}{n}}.$$

定理得证.　□

上述定理给出了格中最短向量长度的一个上界, 尽管这只是一个存在性定理, 但这个上界在实际应用中有着重要的意义.

定义 11.6　给定一组格基 $\boldsymbol{B} \in \mathbb{Z}^{m\times n}$, 目标向量 $\boldsymbol{t} \in \mathbb{Z}^m$ 和有理数 $r > 0$. 求解最近向量问题是找到格向量 $\boldsymbol{v} \in \mathcal{L}(\boldsymbol{B})$ 使得 $||\boldsymbol{v}-\boldsymbol{t}|| = \mathrm{dist}(\boldsymbol{t}, \mathcal{L}(\boldsymbol{B}))$, 其中

$$\mathrm{dist}(\boldsymbol{t}, \mathcal{L}(\boldsymbol{B})) = \min\{||\boldsymbol{s}-\boldsymbol{t}|| \mid \forall \boldsymbol{s} \in \mathcal{L}(\boldsymbol{B})\}.$$

判定最短向量问题是判断是否存在格向量 $\boldsymbol{v} \in \mathcal{L}(\boldsymbol{B})$ 使得 $||\boldsymbol{v}-\boldsymbol{t}|| \leqslant r$.

下面介绍密码设计中经常使用的几类格相关的计算问题. 这几类问题虽然不是直接定义在格上, 但是通过构造合适的格可以和格上的计算问题联系起来.

定义 11.7　给定参数 $q, n \in \mathbb{Z}_{>0}$, 记多项式环 $R = \mathbb{Z}[x]/(x^n-1)$, $R_q = \mathbb{Z}_q[x]/(x^n-1)$, 给定 $h(x)$. 计算 NTRU 问题是找到系数比较小的多项式 $f(x), g(x) \in R$ 使得

$$gh = f \pmod q. \tag{11.1}$$

判定 NTRU 问题是判断 h 是从 R_q 中随机挑选的元素, 还是可以表示为式 (11.1).

定义 11.8 给定参数 $q, m, n \in \mathbb{Z}_{>0}$, $\beta \in \mathbb{R}_{>0}$. 给定 m 个均匀分布的向量 $\boldsymbol{a}_i \in \mathbb{Z}_q^n$, 构造矩阵 $\boldsymbol{A} = [\boldsymbol{a}_1, \cdots, \boldsymbol{a}_m]$. 小整数解问题是找到向量 $\boldsymbol{z} \in \mathbb{Z}^m$ 满足 $||\boldsymbol{z}|| \leqslant \beta$ 并且

$$\boldsymbol{A}\boldsymbol{z} = \sum_{i=1}^{m} \boldsymbol{a}_i z_i = \boldsymbol{0} \in \mathbb{Z}_q^n.$$

定义 11.9 给定参数 $q, m, n \in \mathbb{Z}_{>0}$, $\chi : \mathbb{Z}_q \to \mathbb{R}_{>0}$ 是一个概率分布. 给定 m 个独立的样本 $(\boldsymbol{a}_i, b_i) \in \mathbb{Z}_q^n \times \mathbb{Z}_q$. 求解容错学习问题是找到向量 $\boldsymbol{s} \in \mathbb{Z}^m$ 满足

$$b_i = \langle \boldsymbol{s}, \boldsymbol{a}_i \rangle + e_i, \quad e_i \leftarrow \chi, \quad \forall\, 1 \leqslant i \leqslant m. \tag{11.2}$$

判定容错学习问题是判断给定的样本是随机选择的, 还是可以表示成式 (11.2).

11.3 格基约化算法

由前面的介绍我们知道 Minkowski 第一定理给出了格中最短向量长度的一个上界, 但没有构造出具体的短向量, 本节我们介绍约化基的概念和格基约化算法, 利用格基约化算法找格中的短向量. 1982 年, A. K. Lenstra, H. W. Lenstra 和 L. Lovász 提出了一种格基约化算法能构造性地求出格 L 的一组约化基, 他们的算法被称为 LLL 算法. 为叙述方便, 本节中的格 L 均指维数为 n 的满秩格.

11.3 格基约化算法

定义 11.10 定义 $\mathbb{R}^n$ 到 $\operatorname{span}(\boldsymbol{b}_1^*, \boldsymbol{b}_2^*, \cdots, \boldsymbol{b}_n^*)$ 上的映射 π_i 为

$$\pi_i(\boldsymbol{x}) = \sum_{j=i}^{n} \frac{\langle \boldsymbol{x}, \boldsymbol{b}_j^* \rangle}{\langle \boldsymbol{b}_j^*, \boldsymbol{b}_j^* \rangle} \boldsymbol{b}_j^*.$$

实际上, 对任意 $\boldsymbol{x} \in \operatorname{span}(\boldsymbol{b}_1, \boldsymbol{b}_2, \cdots, \boldsymbol{b}_n)$, $\pi_i(\boldsymbol{x})$ 是向量 $\boldsymbol{x}$ 的与 $\boldsymbol{b}_1, \boldsymbol{b}_2, \cdots, \boldsymbol{b}_{i-1}$ 都正交的分量, 特别地, $\pi_i(\boldsymbol{b}_i) = \boldsymbol{b}_i^*$.

定义 11.11 一组基 $\boldsymbol{b}_1, \boldsymbol{b}_2, \cdots, \boldsymbol{b}_n$ 称为 LLL 约化的, 如果满足

(1) $|\mu_{i,j}| \leqslant \dfrac{1}{2}, 1 \leqslant j < i \leqslant n$;

(2) $\dfrac{3}{4}||\pi_i(\boldsymbol{b}_i)||^2 \leqslant ||\pi_i(\boldsymbol{b}_{i+1})||^2, 1 \leqslant i < n$.

由于 $\pi_i(\boldsymbol{b}_i) = \boldsymbol{b}_i^*$, $\pi_i(\boldsymbol{b}_{i+1}) = \boldsymbol{b}_{i+1}^* + \mu_{i+1,i}\boldsymbol{b}_i^*$, 上述定义中的第二个条件又可写成

$$\frac{3}{4}||\boldsymbol{b}_i^*||^2 \leqslant ||\boldsymbol{b}_{i+1}^* + \mu_{i+1,i}\boldsymbol{b}_i^*||^2, \quad 1 \leqslant i < n.$$

LLL 约化基具有下面的性质:

定理 11.12　设 $\boldsymbol{b}_1,\boldsymbol{b}_2,\cdots,\boldsymbol{b}_n$ 是 n 维格 L 的一组 LLL 约化基, 那么

(1) $\det(L)\leqslant\prod_{i=1}^{n}||\boldsymbol{b}_i||\leqslant 2^{\frac{n(n-1)}{4}}\det(L)$;

(2) $||\boldsymbol{b}_j||\leqslant 2^{\frac{i-1}{2}}||\boldsymbol{b}_i^*||, 1\leqslant j<i\leqslant n$;

(3) $||\boldsymbol{b}_1||\leqslant 2^{\frac{n-1}{4}}\det(L)^{\frac{1}{n}}$;

(4) 对 L 中任一线性无关向量组 $\boldsymbol{x}_1,\boldsymbol{x}_2,\cdots,\boldsymbol{x}_t$, 一定有

$$||\boldsymbol{b}_j||\leqslant 2^{\frac{n-1}{2}}\max\{||\boldsymbol{x}_1||,||\boldsymbol{x}_2||,\cdots,||\boldsymbol{x}_t||\},\quad 1\leqslant j\leqslant t.$$

特别地, 对 L 中的任意向量 $\boldsymbol{x}$, 有 $||\boldsymbol{b}_1||\leqslant 2^{\frac{n-1}{2}}||\boldsymbol{x}||$.

此处略去证明 (可参考文献 [9]).

下面我们以 2 维格为例介绍求约化基的算法, 下面这个 2 维格上的算法本质上是 Gauss 算法 (见文献 [11]):

(1) 约化步: $\boldsymbol{b}_2:=\boldsymbol{b}_2-c\boldsymbol{b}_1$, 此处 $c=\left\lfloor\frac{\langle\boldsymbol{b}_2,\boldsymbol{b}_1\rangle}{\langle\boldsymbol{b}_1,\boldsymbol{b}_1\rangle}+\frac{1}{2}\right\rfloor$;

(2) 交换步: 若 $||\boldsymbol{b}_1||>||\boldsymbol{b}_2||$, 则交换 $\boldsymbol{b}_1\Leftrightarrow\boldsymbol{b}_2$;

(3) 若 $(\boldsymbol{b}_1,\boldsymbol{b}_2)$ 不是约化基, 重复上述步骤.

注意经过约化步, 我们总有 $|\mu_{2,1}|\leqslant 1/2$. 下面要介绍的 LLL 算法思路是类似的, 经过约化步之后 $|\mu_{i,j}|\leqslant 1/2$, 对所有 $i>j$ 成立. 约化步和交换步交替运行, 在交换步中如果需要的话相邻的两个向量交换.

LLL 算法:

输入: 格 L 的一组基 $\boldsymbol{B}=[\boldsymbol{b}_1,\boldsymbol{b}_2,\cdots,\boldsymbol{b}_n]\in\mathbb{Z}^{n\times n}$.

输出: 格 L 的一组 LLL 约化基.

(Loop): For $i=1,\cdots,n$,

　　For $j=i-1,\cdots,1$,

$$\boldsymbol{b}_i:=\boldsymbol{b}_i-c_{i,j}\boldsymbol{b}_j,\ \texttt{where}\ c_{i,j}=\left\lfloor\frac{\langle\boldsymbol{b}_i,\boldsymbol{b}_j^*\rangle}{\langle\boldsymbol{b}_j^*,\boldsymbol{b}_j^*\rangle}+\frac{1}{2}\right\rfloor$$

　　If $\frac{3}{4}||\pi_i(\boldsymbol{b}_i)||^2>||\pi_i(\boldsymbol{b}_{i+1})||^2$, for some i

　　Then 交换 $\boldsymbol{b}_i$, $\boldsymbol{b}_{i+1}$, goto (Loop)

　　Else 输出 $\boldsymbol{B}$.

LLL 算法的正确性分析: 我们要保证经过约化步后, $|\mu_{i,j}|\leqslant 1/2$, 对所有 $i>j$ 成立. 我们定义迭代过程中的向量组 $\boldsymbol{b}_1',\cdots,\boldsymbol{b}_n'$, 这里 $\boldsymbol{b}_1'=\boldsymbol{b}_1$. 在约化步, 每个 $\boldsymbol{b}_i'$ 由 $\boldsymbol{b}_i$ 减去 $\boldsymbol{b}_j'$ 的适当整数倍得到 $(j<i)$. 因为 $\boldsymbol{B}'$ 由 $\boldsymbol{B}=[\boldsymbol{b}_1,\cdots,\boldsymbol{b}_n]$ 经过列的

初等变换得到, 故 $\boldsymbol{B}$ 和 $\boldsymbol{B}'$ 是等价的. 约化步后 $\boldsymbol{B}'$ 在交换步的变换只是重新排列列向量的次序, 因此每次迭代之后 $\boldsymbol{B}'$ 仍是所输入的格 L 的一组基.

注意由 $\boldsymbol{B}$ 生成的正交基 $\boldsymbol{B}^*$ 经过约化步是不改变的, 即上面提到的 $\boldsymbol{B}$ 到 $\boldsymbol{B}'$ 的变换不改变正交向量 $\boldsymbol{b}_i^*$. 但可以证明经过 $\boldsymbol{B}$ 到 $\boldsymbol{B}'$ 的变换, $\boldsymbol{B}'$ 的所有 Gram-Schmidt 系数 $\mu_{i,j}$(这里 $i > j$) 都满足 $|\mu_{i,j}| \leqslant 1/2$.

因此约化步之后, 条件 $|\mu_{i,j}| \leqslant 1/2$ 被满足, 我们下面验证 LLL 约化基的第二个条件成立. 若对某些 i,

$$\frac{3}{4}||\pi_i(\boldsymbol{b}_i)||^2 > ||\pi_i(\boldsymbol{b}_{i+1})||^2,$$

那么我们交换 $\boldsymbol{b}_i$ 和 $\boldsymbol{b}_{i+1}$, 可能有些相邻向量对不满足约化基定义中的第二条, 这时我们交换相邻的向量对.

如果两个向量交换, 约化步的结果可能不再成立 (如可能出现某些 $|\mu_{i,j}| > 1/2$), 那么我们再回到约化步, 重复一次迭代过程.

如果约化步之后, 不再有相邻的向量对需要交换, 那么这时输出的 $\boldsymbol{B}$ 就是 LLL 约化基. 而且最终的矩阵 $\boldsymbol{B}$ 等价于最初输入的矩阵, 因为在得到最终的矩阵的过程中我们只是做了一些列的初等变换, 并且这些变换的组合系数都是整数.

因此, LLL 算法停止时输出的是一组 LLL 约化基. 若输入的基为 $\boldsymbol{b}_1, \cdots, \boldsymbol{b}_n$, 设 $M = \max\{||\boldsymbol{b}_1||^2, \cdots, ||\boldsymbol{b}_n||^2\}$, 则 LLL 算法的时间复杂性是 $O(n^6 \log^3 M)$. 证明参见文献 [9].

由定理 11.12 的第 (4) 条, 我们有 $||\boldsymbol{b}_1|| \leqslant 2^{\frac{n-1}{2}}\lambda_1$, 这里 λ_1 是格 L 中最短向量的长度. 因此, LLL 算法求出的约化基中的向量 $\boldsymbol{b}_1$ 比格中的最短向量至多大 $2^{\frac{n-1}{2}}$ 倍. 这个向量被称为近似度为 $2^{\frac{n-1}{2}}$ 的最短向量. 在一些实际问题中利用 LLL 算法找到的近似最短向量就可解决问题, 而不必找格中的最短向量, 因此这个算法有着广泛的应用, 参考文献 [10]. 事实上, 存在非多项式时间算法可以找到 n 维格中长度更短的向量 (或最短向量), 参考文献 [2], [8]. 另外, 2 维格中的最短向量可以用 Gauss 算法求出.

11.4 LLL 算法应用

Coppersmith 应用 LLL 算法提出了求解模多项式方程小值解的方法, 本节我们介绍如何求解单变量模多项式方程的小值解.

11.4 LLL算法应用

定理 11.13 (Coppersmith) *设 N 是一个未知因子分解的整数, $b \geqslant N^{\beta}$ 是 N 的一个因子, 设 $f_b(x)$ 是一个单变量的首一的次数为 δ 的多项式, 设 c_N 是一个以 $\log N$ 为上界的量. 那么*

可以找到方程 $f_b(x) \equiv 0 \pmod b$ 的满足条件

$$|x_0| \leqslant \frac{1}{2} N^{\frac{\beta^2}{\delta} - \varepsilon}$$

的解, 算法的时间复杂性是 $O(\delta^6 \varepsilon^{-7} \log^3 N)$, 这里 ε 是一个任意小的正数.

Coppersmith 方法的基本思路是将模多项式方程转化为整数上的多项式方程. 利用 $f(x)$ 构造 $g(x)$, $g(x)$ 包含 $f(x)$ 所有小值的模根, 即

$$f(x_0) \equiv 0 \pmod b \Rightarrow \text{整数方程 } g(x_0) = 0, \quad |x_0| \leqslant X.$$

Coppersmith 方法将方程的求解过程分成下面的两步:

(1) 固定整数 m, 构造一组多项式 $f_1(x), \cdots, f_n(x)$, 满足多项式方程 $f_i(x) = 0 \pmod{b^m}$, $i = 1, \cdots, n$ 有共同的解 x_0, 设集合 $C = \{f_1(x), \cdots, f_n(x)\}$. 例如, 集合 C 可构造为

$$\begin{aligned} f_i(x) &= N^{m-i} f^i(x), \quad i = 1, \cdots, m, \\ f_{m+i}(x) &= x^i f^m(x), \quad i = 1, \cdots, m. \end{aligned} \tag{11.3}$$

(2) 利用 $\{f_i(x)\}_{i=1}^n$ 的线性组合构造函数 $g(x) = \sum\limits_{i=1}^n a_i f_i(x)$, $a_i \in \mathbb{Z}$, 并使 $g(x)$ 满足

$$|g(x_0)| < b^m.$$

注意 b^m 整除所有 $\{f_i(x_0)\}_{i=1}^n$, 因此 b^m 整除 $g(x_0)$, 即 $g(x_0) = 0 \pmod{b^m}$. 又 $|g(x_0)| < b^m$, 由此推出 $g(x_0) = 0$ 在整数上成立.

利用下面的 Howgrave-Graham 引理将模多项式方程的解转化为方程在整数上的解. 设多项式函数 $h(x) = \sum\limits_i a_i x^i$, 定义函数 $h(x)$ 的 Euclid 模为

$$||h(x)|| = \sqrt{\sum_i a_i^2}.$$

引理 11.14 (Howgrave-Graham)　设 $h(x) \in \mathbb{Z}[x]$ 是一个有 ω 个单项式的多项式, 设 m 是正整数, 若

(1) $h(x_0) \equiv 0 \pmod{b^m}$, 此处 $|x| \leqslant X$;

(2) $||h(xX)|| < b^m/\sqrt{\omega}$,

那么 $h(x_0) = 0$ 在整数集上成立.

证明　我们有

$$|h(x_0)| = \sum_i c_i x_0^i \leqslant \sum_i |c_i x_0^i| \leqslant \sum_i |c_i| X^i \leqslant \sqrt{\omega} ||h(xX)|| < b^m.$$

但 $h(x_0)$ 是 b^m 的倍数, 因此 $h(x_0)=0$. □

利用 $f(x)$ 的方幂, 我们构造一系列多项式方程 $f_1(x),\cdots,f_n(x)$, 使得方程 $f_i(x)\equiv 0 \pmod{b^m}$, $i=1,\cdots,n$ 都有一个解为 x_0. 例如可构造成 (11.3) 式的情形. 因此若函数 $g(x)$ 是 $f_1(x),\cdots,f_n(x)$ 的一个线性组合, 则我们有

$$g(x_0)=\sum_{i=1}^{n}a_if_i(x_0)\equiv 0 \pmod{b^m},\quad a_i\in\mathbb{Z}.$$

每个 $f_1(x),\cdots,f_n(x)$ 的线性组合都满足引理 11.14 中的条件 (1), 在这些线性组合中, 我们选择一个满足引理 11.14 中的条件 (2) 的. 换言之, 我们要在由 $f_1(x),\cdots,f_n(x)$ 的线性组合构成的函数中找 Euclid 模小于 $b^m/\sqrt{n}$ 的函数 $g(x)$. 格 L 由函数 $f_i(xX)$ 的系数向量生成, $i=1,\cdots,n$, 利用 LLL 算法找格 L 中的短向量, 从而得到符合条件的 $g(x)$.

利用 LLL 算法在格 L 中找一个向量 $\boldsymbol{v}$ 满足 $||\boldsymbol{v}||<b^m/\sqrt{n}$, 取 $\boldsymbol{v}=\boldsymbol{b}_1$ (这里 $\boldsymbol{b}_1$ 为 LLL 约化基中的第一个向量), 由定理 11.12, 我们有

$$||\boldsymbol{v}||\leqslant 2^{\frac{n-1}{4}}\det(L)^{\frac{1}{n}}.$$

$\det(L)$ 可由 $f_i(xX)$ 的系数向量组计算出, 如果下述条件满足

$$2^{\frac{n-1}{4}}\det(L)^{\frac{1}{n}}<\frac{N^{\beta m}}{\sqrt{n}}. \tag{11.4}$$

那么我们有 $||\boldsymbol{v}||<\dfrac{N^{\beta m}}{\sqrt{n}}\leqslant\dfrac{b^m}{\sqrt{n}}$. 式 (11.4) 忽略倍数可近似为

$$\det(L)<N^{\beta mn}.$$

若一个 n 维格 L 满足上述条件, $\boldsymbol{B}$ 是格 L 的一组基, 那么平均起来说一个基向量 $\boldsymbol{v}\in\boldsymbol{B}$ 对 $\det(L)$ 的贡献小于 $N^{\beta m}$, 如果一个基向量满足这个条件, 我们称之为 "可用的" 向量, 我们需要 "可用的" 向量构造格基.

下面给出定理 11.13 的证明.

证明 定义 $X=\dfrac{1}{2}N^{\frac{\beta^2}{\delta}-\varepsilon}$. 证明按照前面介绍的 Coppersmith 方法分成两步:

第一步, 取 $m=\left\lceil\dfrac{\beta^2}{\delta\varepsilon}\right\rceil$, 取 C 为下面多项式的集合:

$$
\begin{array}{ccccc}
N^m, & xN^m, & x^2N^m, & \cdots, & x^{\delta-1}N^m,\\
N^{m-1}f, & xN^{m-1}f, & x^2N^{m-1}f, & \cdots, & x^{\delta-1}N^{m-1}f,\\
N^{m-2}f^2, & xN^{m-2}f^2, & x^2N^{m-2}f^2, & \cdots, & x^{\delta-1}N^{m-2}f^2,\\
\vdots & \vdots & \vdots & & \vdots\\
Nf^{m-1}, & xNf^{m-1}, & x^2Nf^{m-1}, & \cdots, & x^{\delta-1}Nf^{m-1}.
\end{array}
$$

此外, 再选取多项式

$$f^m, xf^m, x^2f^m, \cdots, x^{t-1}f^m,$$

此处 t 是与 m 有关的参变量, 它的取值在后面给出.

注意到, C 中第 k 个多项式是一个次数为 k 的多项式, 这就引入了新的单项式 x^k. 我们也可以把 C 写成下面的形式

$$g_{i,j}(x)=x^jN^if^{m-i}(x),\quad i=0,\cdots,m-1;j=0,\cdots,\delta-1,$$

$$h_i(x)=x^if^m(x),\quad i=0,\cdots,t-1.$$

第二步, 由 $g_{i,j}(xX)$ 和 $h_i(xX)$ 的系数向量构造格 L.

注意到, 我们可以将 $g_{i,j}$ 和 h_i 按它们的次数的递增次序排列. 因此 L 的基 $\boldsymbol{B}$ 以 $g_{i,j}(xX)$ 和 $h_i(xX)$ 的系数向量为行向量, 可以写成下面的下三角矩阵. 设 $n=\delta m+t$, 那么 $\boldsymbol{B}$ 是下面的 $n\times n$ 矩阵

$$
\left(\begin{array}{ccccccccccccc}
N^m &&&&&&&&&&&&\\
& N^mX &&&&&&&&&&&\\
&& \ddots &&&&&&&&&&\\
\hline
&& \ddots & \ddots & \ddots & \ddots &&&&&&&\\
\hline
- & - & \cdots & - & \cdots & NX^{\delta m-\delta} &&&&&&&\\
- & - & \cdots & - & \cdots & - & NX^{\delta m-\delta+1} &&&&&&\\
&& \ddots & \ddots & \ddots & \ddots & \ddots & \ddots &&&&&\\
- & - & \cdots & - & \cdots & - & - & \ldots & NX^{\delta m+1} &&&&\\
\hline
- & - & \cdots & - & \cdots & - & - & - & - & X^{\delta m} &&&\\
& - & \cdots & - & \cdots & - & - & - & - & - & X^{\delta m+1} &&\\
&&&& \ddots & \ddots & \ddots & \ddots & \ddots & \ddots & \ddots & \ddots &\\
&& \ddots & \ddots & \ddots & - & - & - & - & - & - & \ldots & X^{\delta m+t-1}
\end{array}\right).
$$

由于格 L 的基 $\boldsymbol{B}$ 是下三角方阵, 故 $\det(L)$ 是 $\boldsymbol{B}$ 的对角线上元素的乘积:

$$\det(L) = N^{\frac{1}{2}\delta m(m+1)}X^{\frac{1}{2}n(n-1)}. \tag{11.5}$$

下面我们计算最优的参数 t, 即选择最优的维数 $n = \delta m + t$, 由前面的讨论可知, 对 $\det(L)$ 的贡献小于 $N^{\beta m}$ 的向量是"可用的". 因此, 这里我们要 $h_i(xX)$ 的系数向量中位于上面的上三角方阵中对角线上的分量都小于 $N^{\beta m}$, 即需要下面的条件成立

$$X^{n-1} < N^{\beta m}. \tag{11.6}$$

因为 $X^{n-1} < N^{(\frac{\beta^2}{\delta}-\varepsilon)(n-1)} < N^{\frac{\beta^2}{\delta}n}$, 故若取

$$n \leqslant \frac{\delta}{\beta}m, \tag{11.7}$$

则上述条件 (11.6) 成立. 由 $m = \left\lceil \frac{\beta^2}{\delta\varepsilon} \right\rceil$ 知, $m \leqslant \frac{\beta^2}{\delta\varepsilon} + 1$. 那么我们有格的维数

$$n \leqslant \frac{\beta}{\varepsilon} + \frac{\delta}{\beta}.$$

由于 $7\beta^{-1} \leqslant \varepsilon^{-1}$, 我们有 $n = O(\varepsilon^{-1}\delta)$. 取 n 是满足条件 (11.7) 的最小值, 于是 $n > \frac{\delta}{\beta} - 1 \geqslant \frac{\beta}{\varepsilon} - 1 \geqslant 6$.

现在我们证明 LLL 算法可以找到满足需要的短向量, 利用引理 11.14, 需证明 LLL 算法可以在 n 维格 L 中找到一个向量 $\boldsymbol{v}$ 满足 $||\boldsymbol{v}|| \leqslant \frac{b^m}{\sqrt{n}}$, 由约化基的性质只要

$$2^{\frac{n-1}{4}}\det(L)^{\frac{1}{n}} < \frac{b^m}{\sqrt{n}}$$

成立即可.

利用式 (11.5) 及 $b \geqslant N^{\beta}$, 只要证明

$$N^{\frac{\delta m(m+1)}{2n}}X^{\frac{n-1}{2}} \leqslant 2^{-\frac{n-1}{4}}n^{-\frac{1}{2}}N^{\beta m},$$

即

$$X \leqslant \frac{1}{2}N^{\frac{2\beta m}{n-1} - \frac{\delta m(m+1)}{n(n-1)}}.$$

由于 $X = \frac{1}{2}N^{\frac{\beta^2}{\delta}-\varepsilon}$, 只要证明

$$\frac{2\beta m}{n-1} - \frac{\delta m^2\left(1+\frac{1}{m}\right)}{n(n-1)} \geqslant \frac{\beta^2}{\delta} - \varepsilon.$$

上式两边同乘以 $\frac{n-1}{n}$ 并利用 $n \leqslant \frac{\delta}{\beta}m$, 得到

$$2\frac{\beta^2}{\delta} - \frac{\beta^2}{\delta}\left(1+\frac{1}{m}\right) \geqslant \frac{\beta^2}{\delta} - \varepsilon,$$

即

$$-\frac{\beta^2}{\delta}\cdot\frac{1}{m} \geqslant -\varepsilon.$$

上式当 $m \geqslant \frac{\beta^2}{\delta\varepsilon}$ 时成立, 我们选择的 $m = \left\lceil \frac{\beta^2}{\delta\varepsilon} \right\rceil$ 是适合这一条件的. 故 LLL 算法可以找到满足条件的短向量.

利用这个短向量作为系数向量我们可得到函数 $g(x)$, 函数 $g(x)$ 满足引理 11.14 中的两个条件, 从而模多项式方程的求解转化为求整数 $\mathbb{Z}$ 上多项式方程 $g(x)=0$ 的解 x_0, 后者是容易计算的.

可以证明格 L 的基 $\boldsymbol{B}$ 中向量长度的上界是 $2^{O(\varepsilon^{-1}\log N)}$. 因此, 利用 LLL 算法, 上述求模多项式方程解的算法的时间复杂性是 $O(\delta^6\varepsilon^{-7}\log^3 N)$. 定理得证. □

取 $\varepsilon = \frac{1}{\log N}$, May[10] 将 Coppersmith[4] 的上述定理改进为下面的结果.

定理 11.15 设 N 是一个未知因子分解的整数, $d \geqslant N^{\beta}$ 是 N 的一个因子, 设 $f_d(x)$ 是一个单变量的首一的次数为 δ 的多项式, 设 c_N 是一个以 $\log N$ 为上界的量. 那么我们可以在 $(\log N, \delta)$ 的多项式时间内找到方程 $f_d(x) \equiv 0 \pmod{d}$ 的满足条件

$$|x_0| \leqslant c_N N^{\frac{\beta^2}{\delta}}$$

的解.

利用定理 11.13 容易证明: 若 $N = pq$, 其中 p, q 是比特数相同的素数, 那么已知 p 的 $\frac{1}{4}\log_2 N$ 高位 (或低位) 比特可以在多项式时间内得到 N 的因子分解. 这个结果最初是由 Coppersmith[4] 利用了求解二元模多项式方程小值解的方法证明的.

Coppersmith 利用 LLL 算法求解模多项式方程小值解的方法在 RSA 密码算法分析的研究方面有很多应用, 见参考文献 [3], [5], [6], [10].

11.5 使用 SageMath 进行格相关的计算

SageMath 包含了一些格相关的计算, 下面给出部分示例.

例 11.16 可以如下定义格并进行相关的计算.

```
sage:from sage.modules.free_module_integer import IntegerLattice
sage:A = Matrix(ZZ, [[6,1],[7,2]]); A
[6 1]
[7 2]
sage:L = IntegerLattice(A); L
Free module of degree 2 and rank 2 over Integer Ring
User basis matrix:
[ 1 1]
[ 2 -3]
sage:A.LLL()
[ 1 1]
[ 2 -3]
sage:v = L.shortest_vector(); v
(1, 1)
sage:lambda1 = v.norm(); lambda1
sqrt(2)
```

习 题 11

1. 判断下列集合是否构成格, 并说明原因.

(1) $S=\{6x+21y \mid x,y\in\mathbb{Z}\}$;

(2) $T=\left\{(x_1,x_2,\cdots,x_n)^{\mathrm{T}} \mid x_i\in\mathbb{Z},\sum\limits_{i=1}^{n}x_i\equiv 0 \pmod 2\right\}$.

2. 给定矩阵 $\boldsymbol{A}\in\mathbb{Z}^{m\times n}$, 素数 q, 记

$$\Lambda^{\perp}(\boldsymbol{A})=\{\boldsymbol{x}\in\mathbb{Z}^n \mid \boldsymbol{A}\boldsymbol{x}=0\},$$

$$\Lambda_q(\boldsymbol{A})=\{\boldsymbol{x}\in\mathbb{Z}^n \mid \exists\ \boldsymbol{y}\in\mathbb{Z}^m, \boldsymbol{A}^{\mathrm{T}}\boldsymbol{y}\equiv\boldsymbol{x} \pmod q\},$$

$$\Lambda_q^{\perp}(\boldsymbol{A})=\{\boldsymbol{x}\in\mathbb{Z}^n \mid \boldsymbol{A}\boldsymbol{x}\equiv 0 \pmod q\}.$$

(1) 证明上述三个集合构成格;

(2) 分别计算三个格的秩和行列式.

3. 假设 $\boldsymbol{A}, \boldsymbol{B} \in \mathbb{Z}^{m\times n}$ 都是秩为 n 的矩阵, 证明: $\mathcal{L}(\boldsymbol{A}) = \mathcal{L}(\boldsymbol{B})$ 当且仅当存在 $\boldsymbol{U} \in \mathbb{Z}^{n\times n}$, $|\det(\boldsymbol{U})| = 1$ 使得

$$\boldsymbol{A} = \boldsymbol{B}\boldsymbol{U}.$$

4. 假设 $\boldsymbol{A} = \begin{pmatrix} 5 & 8 \\ 3 & 2 \end{pmatrix}$, $\boldsymbol{B} = \begin{pmatrix} 31 & 44 \\ 13 & 18 \end{pmatrix}$, $\boldsymbol{v} = \begin{pmatrix} 17 \\ 23 \end{pmatrix}$.

(1) 判断 $\mathcal{L}(\boldsymbol{A})$ 和 $\mathcal{L}(\boldsymbol{B})$ 是否相等, 并说明原因.

(2) 判断 $\boldsymbol{v} \in \mathcal{L}(\boldsymbol{A})$ 是否成立, 并说明原因.

5. 假设 $\boldsymbol{B} = \begin{pmatrix} 123 & 1 \\ 6764 & 55 \end{pmatrix}$.

(1) 计算 $\mathcal{L}(\boldsymbol{B})$ 的行列式;

(2) 计算 $\mathcal{L}(\boldsymbol{B})$ 的 LLL 约化基;

(3) 求出 $\mathcal{L}(\boldsymbol{B})$ 的一个最短向量.

6. 构造合适的格, 分别将 NTRU, SIS, LWE 问题和格上的计算问题建立联系.

参 考 文 献

[1] Ajtai M. Generating hard instances of lattice problems. Proceedings of the 28th Annual ACM Symposium on Theory of Computing, STOC 1996: 99-108. ACM.

[2] Ajtai M, Kumar R, Sivakumark D. A sieve algorithm for the shortest lattice vector problem. Proceedings of the 33rd Annual ACM Symposium on Theory of Computing, STOC 2001: 266-275. ACM.

[3] Boneh D, Durfee G. Cryptanalysis of RSA with private key d less than $N^{0.292}$. IEEE Trans. on Inform. Theory, 2000, 46(4): 1339-1349.

[4] Coppersmith D. Small solutions to polynomial equations and low exponent RSA vulnerabilities. Journal of Cryptology, 1997, 10(4): 233-260.

[5] Coron J S, May A. Deterministic polynomial-time equivalence of computing the RSA secret key and factoring. Journal of Cryptology, 2007, 20(1): 39-50.

[6] Jochemsz E, May A. A strategy for finding roots of multivariate polynomials with new applications in attacking RSA variants. Advances in Cryptology-ASIACRYPT 2006, LNCS 4284, 2006: 267-282.

[7] Hoffstein J, Pipher J, Silverman J H. NTRU: A ring-based public key cryptosystem. International Algorithmic Number Theory Symposium-ANTS 1998, LNCS 1423, 1998: 267-288.

[8] Kannan R. Minkowski's convex body theorem and integer programming. Mathematics of Operation Research, 1987, 12(3): 415-440.

[9] Lenstra A K, Lenstra H W, Lovász L. Factoring polynomials with rational coefficients. Mathematische Annalen, 1982, 261: 513-534.

[10] May A. Using LLL-reduction for solving RSA and factorization problems: A survey. LLL+25 Conference in Honour of the 25th Birthday of the LLL Algorithm, 2007.

[11] Micciancio D, Goldwasser S. Complexity of Lattice Problems: A Cryptographic Perspective. New York: Springer, 2002.

[12] Rabin M O. Probabilistic algorithms for testing primality. Journal of Number Theory, 1980, 12: 128-138.

[13] Regev O. On lattices, learning with errors, random linear codes, and cryptography. Proceedings of the 37th Annual ACM Symposium on Theory of Computing, STOC 2005: 84-93. ACM.

[14] Rivest R, Shamir A, Adleman L. A method for obtaining digital signatures and public-key cryptosystems. Communications of the ACM, 1978, 21(2): 120-126.

[15] Wiener M J. Cryptanalysis of short RSA secret exponents. IEEE Trans. Inform. Theory, 1990, 36: 553-558.

[16] 冯克勤. 代数数论. 北京: 科学出版社, 2000.
[17] 华罗庚. 数论导引. 北京: 科学出版社, 1979.
[18] 刘绍学. 近世代数基础. 北京: 高等教育出版社, 1999.
[19] 闵嗣鹤, 严士健. 初等数论. 3 版. 北京: 高等教育出版社, 2003.
[20] 聂灵沼, 丁石孙. 代数学引论. 北京: 高等教育出版社, 2000.
[21] 潘承洞, 潘承彪. 初等数论. 2 版. 北京: 北京大学出版社, 2003.
[22] 潘承洞, 潘承彪. 素数定理的初等证明. 上海: 上海科学技术出版社, 1988.
[23] 潘承洞, 潘承彪. 解析数论基础. 北京: 科学出版社, 1991.
[24] 王小云. 数论与代数结构讲义 (内部讲义). 2003.
[25] 吴品三. 近世代数. 北京: 人民教育出版社, 1979.
[26] 张禾瑞. 近世代数基础. 北京: 人民教育出版社, 1978.
[27] The Sage Developers. SageMath, the Sage Mathematics Software System (Version 9.2), https://www.sagemath.org, 2020.